Motorsteuerung lernen

Die Steuerung moderner Otto- und Dieselmotoren macht einen stetig steigenden Anteil an Fahrzeugelektronik erforderlich, um die hohen Forderungen nach einer Reduzierung der Emissionen zu erfüllen. Um die Funktion der Fahrzeugantriebe und das Zusammenwirken der Komponenten und Systeme richtig zu verstehen, ist daher ein Fundus an Informationen von deren Grundlagen bis zur Arbeitsweise erforderlich. In diesem Heft „Zündsysteme für Ottomotoren" stellt *Motorsteuerung lernen* die zum Verständnis erforderlichen Grundlagen bereit. Es bietet den raschen und sicheren Zugriff auf diese Informationen und erklärt diese anschaulich, systematisch und anwendungsorientiert.

Weitere Bände in der Reihe http://www.springer.com/series/13472

Konrad Reif

(Hrsg.)

Zündsysteme für Ottomotoren

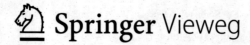 Springer Vieweg

Hrsg.
Konrad Reif
Duale Hochschule Baden-Württemberg Ravensburg
Campus Friedrichshafen
Friedrichshafen, Deutschland

ISSN 2364-6349
Motorsteuerung lernen
ISBN 978-3-658-27864-9

Die Deutsche Nationalbibliothek verzeichnet diese Publikation in der Deutschen Nationalbibliografie; detaillierte bibliografische Daten sind im Internet über http://dnb.d-nb.de abrufbar.

Verantwortlich im Verlag: Markus Braun
Springer Vieweg ist ein Imprint der eingetragenen Gesellschaft Springer Fachmedien Wiesbaden GmbH und ist ein Teil von Springer Nature
Die Anschrift der Gesellschaft ist: Abraham-Lincoln-Str. 46, 65189 Wiesbaden, Germany

Vorwort

Die beständige, jahrzehntelange Vorwärtsentwicklung der Fahrzeugtechnik zwingt den Fachmann dazu, mit dieser Entwicklung Schritt zu halten. Dies gilt nicht nur für junge Leute in der Ausbildung und die Ausbilder selbst, sondern auch für jeden, der schon länger auf dem Gebiet der Fahrzeugtechnik und -elektronik arbeitet. Dabei nimmt neben den klassischen Gebieten Fahrzeug- und Motorentechnik die Elektronik eine immer wichtigere Rolle ein. Die Aus- und Weiterbildungsangebote müssen dem Rechnung tragen, genauso wie die Studienangebote.

Der Fachlehrgang „Motorsteuerung lernen" nimmt auf diesen Bedarf Bezug und bietet mit zehn Einzelthemen einen leichten Einstieg in das wichtige und umfangreiche Gebiet der Steuerung von Diesel- und Ottomotoren. Eine fachlich fundierte und anwendungsorientierte Darstellung garantiert eine direkte Verwertbarkeit des Fachlehrgangs in der Praxis. Die leichte Verständlichkeit machen den Fachlehrgang für das Selbststudium besonders geeignet.

Der hier vorliegende Teil des Fachlehrgangs mit dem Titel „Zündsysteme für Ottomotoren" behandelt eben diese. Dabei wird auf die grundsätzliche Funktion des Motors und vor allem auf die Zündung eingegangen. Außerdem werden die elektronische Steuerung und Regelung sowie die Diagnose behandelt. Dieses Heft ist eine Auskopplung aus dem gebundenen Buch „Ottomotor-Management" aus der Reihe Bosch Fachinformation Automobil und wurde für den hier vorliegenden Fachlehrgang neu zusammengestellt.

Friedrichshafen, im Januar 2015 Konrad Reif

Inhaltsverzeichnis

Herausgeber

Prof. Dr.-Ing. Konrad Reif

Autoren und Mitwirkende

Dr.-Ing. David Lejsek,
Dr.-Ing. Andreas Kufferath,
Dr.-Ing. André Kulzer,
    Dr. Ing. h.c. F. Porsche AG,
Prof. Dr.-Ing. Konrad Reif,
    Duale Hochschule Baden-Württemberg.
(Grundlagen des Ottomotors)

Dipl.-Ing. Walter Gollin,
Dipl.-Ing. (FH) Klaus Lerchenmüller,
Dr.-Ing. Grit Vogt,
Prof. Dr.-Ing. Konrad Reif,
    Duale Hochschule Baden-Württemberg.
(Zündung)

Dipl.-Ing. Stefan Schneider,
Dipl.-Ing. Andreas Blumenstock,
Dipl.-Ing. Oliver Pertler,
Prof. Dr.-Ing. Konrad Reif,
    Duale Hochschule Baden-Württemberg.
(Elektronische Steuerung und Regelung)

Dr.-Ing. Markus Willimowski,
Dipl.-Ing. Jens Leideck,
Prof. Dr.-Ing. Konrad Reif,
    Duale Hochschule Baden-Württemberg.
(Diagnose)

Soweit nicht anders angegeben,
handelt es sich um Mitarbeiter der
Robert Bosch GmbH.

4

Grundlagen des Ottomotors

Der Ottomotor ist eine Verbrennungs-
kraftmaschine mit Fremdzündung, die ein
Luft-Kraftstoff-Gemisch verbrennt und
damit die im Kraftstoff gebundene chemische Energie freisetzt und in mechanische
Arbeit umwandelt. Hierbei wurde in der
Vergangenheit das brennfähige Arbeitsge-
misch durch einen Vergaser im Saugrohr
gebildet. Die Emissionsgesetzgebung
bewirkte die Entwicklung der Saugrohreinspritzung (SRE), welche die Gemischbildung übernahm. Weitere Steigerungen
von Wirkungsgrad und Leistung erfolgten
durch die Einführung der Benzin-Direkteinspritzung (BDE). Bei dieser Technologie
wird der Kraftstoff zum richtigen Zeitpunkt
in den Zylinder eingespritzt, sodass die
Gemischbildung im Brennraum erfolgt.

Arbeitsweise

Im Arbeitszylinder eines Ottomotors wird
periodisch Luft oder Luft-Kraftstoff-Gemisch angesaugt und verdichtet. Anschließend wird die Entzündung und Verbrennung des Gemisches eingeleitet, um durch
die Expansion des Arbeitsmediums (bei einer Kolbenmaschine) den Kolben zu bewe-
gen. Aufgrund der periodischen, linearen
Kolbenbewegung stellt der Ottomotor einen
Hubkolbenmotor dar. Das Pleuel setzt dabei
die Hubbewegung des Kolbens in eine Rota-
tionsbewegung der Kurbelwelle um (Bild 1).

Viertakt-Verfahren

Die meisten in Kraftfahrzeugen eingesetzten
Verbrennungsmotoren arbeiten nach dem
Viertakt-Prinzip (Bild 1). Bei diesem Verfahren steuern Gaswechselventile den Ladungswechsel. Sie öffnen und schließen die
Ein- und Auslasskanäle des Zylinders und
steuern so die Zufuhr von Frischluft oder
-gemisch und das Ausstoßen der Abgase.

Das verbrennungsmotorische Arbeitsspiel
stellt sich aus dem Ladungswechsel (Aus-
schiebetakt und Ansaugtakt), Verdichtung,

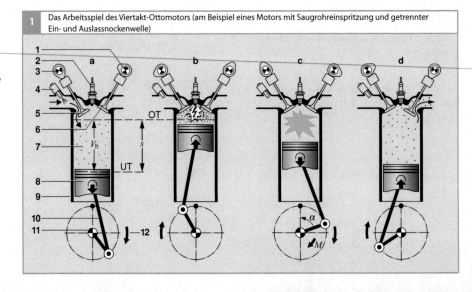

Bild 1
a Ansaugtakt
b Verdichtungstakt
c Arbeitstakt
d Ausstoßtakt

1 Auslassnockenwelle
2 Zündkerze
3 Einlassnockenwelle
4 Einspritzventil
5 Einlassventil
6 Auslassventil
7 Brennraum
8 Kolben
9 Zylinder
10 Pleuelstange
11 Kurbelwelle
12 Drehrichtung
M Drehmoment
α Kurbelwinkel
s Kolbenhub
V_h Hubvolumen
V_c Kompressions-
volumen

1 Das Arbeitsspiel des Viertakt-Ottomotors (am Beispiel eines Motors mit Saugrohreinspritzung und getrennter Ein- und Auslassnockenwelle)

Verbrennung und Expansion zusammen. Nach der Expansion im Arbeitstakt öffnen die Auslassventile kurz vor Erreichen des unteren Totpunkts, um die unter Druck stehenden heißen Abgase aus dem Zylinder strömen zu lassen. Der sich nach dem Durchschreiten des unteren Totpunkts aufwärts zum oberen Totpunkt bewegende Kolben stößt die restlichen Abgase aus.

Danach bewegt sich der Kolben vom oberen Totpunkt (OT) abwärts in Richtung unteren Totpunkt (UT). Dadurch strömt Luft (bei der Benzin-Direkteinspritzung) bzw. Luft-Kraftstoffgemisch (bei Saugrohreinspritzung) über die geöffneten Einlassventile in den Brennraum. Über eine externe Abgasrückführung kann der im Saugrohr befindlichen Luft ein Anteil an Abgas zugemischt werden. Das Ansaugen der Frischladung wird maßgeblich von der Gestalt der Ventilhubkurven der Gaswechselventile, der Phasenstellung der Nockenwellen und dem Saugrohrdruck bestimmt.

Nach Schließen der Einlassventile wird die Verdichtung eingeleitet. Der Kolben bewegt sich in Richtung des oberen Totpunkts (OT) und reduziert somit das Brennraumvolumen. Bei homogener Betriebsart befindet sich das Luft-Kraftstoff-Gemisch bereits zum Ende des Ansaugtaktes im Brennraum und wird verdichtet. Bei der geschichteten Betriebsart, nur möglich bei Benzin-Direkteinspritzung, wird erst gegen Ende des Verdichtungstaktes der Kraftstoff eingespritzt und somit lediglich die Frischladung (Luft und Restgas) komprimiert. Bereits vor Erreichen des oberen Totpunkts leitet die Zündkerze zu einem gegebenen Zeitpunkt (durch Fremdzündung) die Verbrennung ein. Um den höchstmöglichen Wirkungsgrad zu erreichen, sollte die Verbrennung kurz nach dem oberen Totpunkt abgelaufen sein. Die im Kraftstoff chemisch gebundene Energie wird durch die Verbrennung freigesetzt und erhöht den Druck und die Temperatur der Brennraumladung, was den Kolben abwärts treibt. Nach zwei Kurbelwellenumdrehungen beginnt ein neues Arbeitsspiel.

Arbeitsprozess: Ladungswechsel und Verbrennung

Der Ladungswechsel wird üblicherweise durch Nockenwellen gesteuert, welche die Ein- und Auslassventile öffnen und schließen. Dabei werden bei der Auslegung der Steuerzeiten (Bild 2) die Druckschwingungen in den Saugkanälen zum besseren Füllen und Entleeren des Brennraums berücksichtigt. Die Kurbelwelle treibt die Nockenwelle über einen Zahnriemen, eine Kette oder Zahnräder an. Da ein durch die Nockenwellen zu steuerndes Viertakt-Arbeitsspiel zwei Kurbelwellenumdrehungen andauert, dreht sich die Nockenwelle nur halb so schnell wie die Kurbelwelle.

Ein wichtiger Auslegungsparameter für den Hochdruckprozess und die Verbrennung beim Ottomotor ist das Verdichtungsverhältnis ε, welches durch das Hubvolumen V_h und Kompressionsvolumen V_c folgendermaßen definiert ist:

$$\varepsilon = \frac{V_h + V_c}{V_c}. \tag{1}$$

Dieses hat einen entscheidenden Einfluss auf den idealen thermischen Wirkungsgrad η_{th}, da für diesen gilt:

$$\eta_{th} = 1 - \frac{1}{\varepsilon^{\kappa-1}}, \tag{2}$$

wobei κ der Adiabatenexponent ist [4]. Des Weiteren hat das Verdichtungsverhältnis Einfluss auf das maximale Drehmoment, die maximale Leistung, die Klopfneigung und die Schadstoffemissionen. Typische Werte beim Ottomotor in Abhängigkeit der Füllungssteuerung (Saugmotor, aufgeladener Motor) und der Einspritzart (Saugrohreinspritzung, Direkteinspritzung) liegen bei ca. 8 bis 13. Beim Dieselmotor liegen die Werte zwischen 14 und 22. Das Hauptsteuerelement der Verbrennung ist das Zündsignal, welches elektronisch in Abhängigkeit vom Betriebspunkt gesteuert werden kann.

Unterschiedliche Brennverfahren können auf Basis des ottomotorischen Prinzips dargestellt werden. Bei der Fremdzündung sind homogene Brennverfahren mit oder ohne Variabilitäten im Ventiltrieb (von Phase und Hub) möglich. Mit variablem Ventiltrieb wird eine Reduktion von Ladungswechselverlusten und Vorteile im Verdichtungs- und Arbeitstakt erzielt. Dies erfolgt durch erhöhte Verdünnung der Zylinderladung mit Abgas, welches mittels interner (oder auch externer) Rückführung in die Brennkammer gelangt. Diese Vorteile werden noch weiter durch das geschichtete Brennverfahren ausgenutzt. Ähnliche Potentiale kann die so genannte homogene Selbstzündung beim Ottomotor erreichen, aber mit erhöhtem Regelungsaufwand, da die Verbrennung durch reaktionskinetisch relevante Bedingungen (thermischer Zustand, Zusammensetzung) und nicht durch einen direkt steuerbaren Zündfunken initiiert wird. Hierfür werden Steuerelemente wie die Ventilsteuerung und die Benzin-Direkteinspritzung herangezogen.

Darüber hinaus werden Ottomotoren je nach Zufuhr der Frischladung in Saugmotoren- und aufgeladene Motoren unterschieden. Bei letzteren wird die maximale Luftdichte, welche zur Erreichung des maximalen Drehmomentes benötigt wird, z. B. durch eine Strömungsmaschine erhöht.

Luftverhältnis und Abgasemissionen
Setzt man die pro Arbeitsspiel angesaugte Luftmenge m_L ins Verhältnis zur pro Arbeitsspiel eingespritzten Kraftstoffmasse m_K, so erhält man mit m_L/m_K eine Größe zur Unterscheidung von Luftüberschuss (großes m_L/m_K) und Luftmangel (kleines m_L/m_K). Der genau passende Wert von m_L/m_K für eine stöchiometrische Verbrennung hängt jedoch vom verwendeten Kraftstoff ab. Um eine kraftstoffunabhängige Größe zu erhalten, berechnet man das Luftverhältnis λ als Quotient aus der aktuellen pro Arbeitsspiel angesaugten Luftmasse m_L und der für eine stöchiometrische Verbrennung des Kraftstoffs erforderliche Luftmasse m_{Ls}, also

$$\lambda = \frac{m_L}{m_{Ls}}. \tag{3}$$

Für eine sichere Entflammung homogener Gemische muss das Luftverhältnis in engen Grenzen eingehalten werden. Des Weiteren nimmt die Flammengeschwindigkeit stark mit dem Luftverhältnis ab, so dass Ottomotoren mit homogener Gemischbildung nur in einem Bereich von $0,8 < \lambda < 1,4$ betrieben werden können, wobei der beste Wirkungs-

2   Steuerung im Ladungswechsel

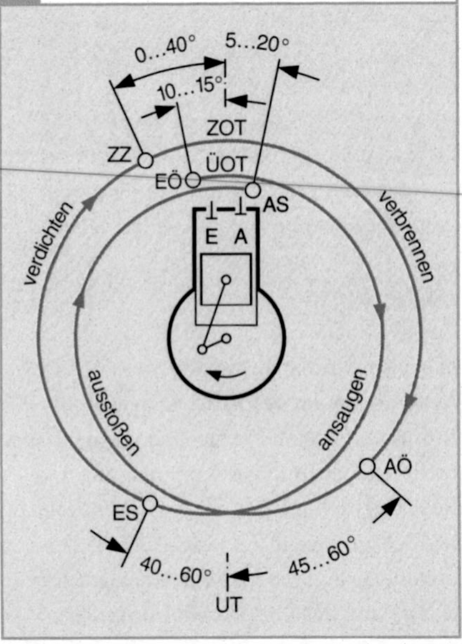

Bild 2
Im Ventilsteuerzeiten-Diagramm sind die Öffnungs- und Schließzeiten der Ein- und Auslassventile aufgetragen.
E   Einlassventil
EÖ   Einlassventil öffnet
ES   Einlassventil schließt
A   Auslassventil
AÖ   Auslassventil öffnet
AS   Auslassventil schließt
OT   oberer Totpunkt
ÜOT   Überschneidungs-OT
ZOT   Zünd-OT
UT   unterer Totpunkt
ZZ   Zündzeitpunkt

3 Leistung und Verbrauch in Abhängigkeit des Luftverhältnisses

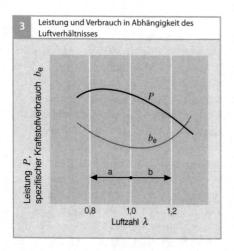

4 Emissionen in Abhängigkeit des Luftverhältnisses

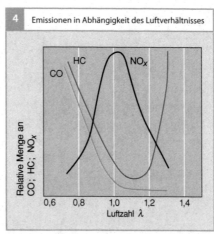

Bild 3
a fettes Gemisch (Luftmangel)
b mageres Gemisch (Luftüberschuss)

grad im homogen mageren Bereich liegt ($1{,}3 < \lambda < 1{,}4$). Für das Erreichen der maximalen Last liegt andererseits das Luftverhältnis im fetten Bereich ($0{,}9 < \lambda < 0{,}95$), welches die beste Homogenisierung und Sauerstoffoxidation erlaubt, und dadurch die schnellste Verbrennung ermöglicht (Bild 3).

Wird der Emissionsausstoß in Abhängigkeit des Luft-Kraftstoff-Verhältnisses betrachtet (Bild 4), so ist erkennbar, dass im fetten Bereich hohe Rückstände an HC und CO verbleiben. Im mageren Bereich sind HC-Rückstände aus der langsameren Verbrennung und der erhöhten Verdünnung erkennbar, sowie ein hoher NO_x-Anteil, der sein Maximum bei $1 < \lambda < 1{,}05$ erreicht. Zur Erfüllung der Emissionsgesetzgebung beim Ottomotor wird ein Dreiwegekatalysator eingesetzt, welcher die HC- und CO-Emissionen oxidiert und die NO_x-Emissionen reduziert. Hierfür ist ein Luft-Kraftstoff-Verhältnis von $\lambda \approx 1$ notwendig, das durch eine entsprechende Gemischregelung eingestellt wird.

Weitere Vorteile können aus dem Hochdruckprozess im mageren Bereich ($\lambda > 1$) nur mit einem geschichteten Brennverfahren gewonnen werden. Hierbei werden weiterhin HC- und CO-Emissionen im Dreiwegekatalysator oxidiert. Die NO_x-Emissionen

müssen über einen gesonderten NO_x-Speicherkatalysator gespeichert und nachträglich durch Fett-Phasen reduziert oder über einen kontinuierlich reduzierenden Katalysator mittels zusätzlichem Reduktionsmittel (durch selektive katalytische Reduktion) konvertiert werden.

Gemischbildung
Ein Ottomotor kann eine äußere (mit Saugrohreinspritzung) oder eine innere Gemischbildung (mit Direkteinspritzung) aufweisen (Bild 5). Bei Motoren mit Saugrohreinspritzung liegt das Luft-Kraftstoff-Gemisch im gesamten Brennraum homogen verteilt mit dem gleichen Luftverhältnis λ vor (Bild 5a). Dabei erfolgt üblicherweise die Einspritzung ins Saugrohr oder in den Einlasskanal schon vor dem Öffnen der Einlassventile.

Neben der Gemischhomogenisierung muss das Gemischbildungssystem geringe Abweichungen von Zylinder zu Zylinder sowie von Arbeitsspiel zu Arbeitsspiel garantieren. Bei Motoren mit Direkteinspritzung sind sowohl eine homogene als auch eine heterogene Betriebsart möglich. Beim homogenen Betrieb wird eine saughubsynchrone Einspritzung durchgeführt, um eine

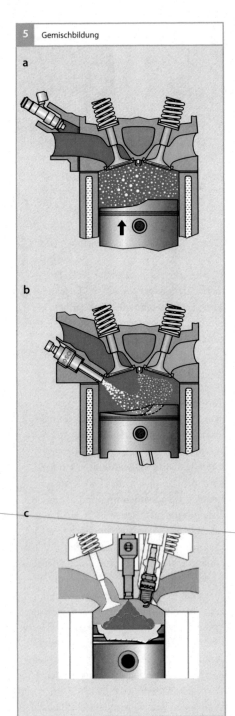

5   Gemischbildung

a

b

c

Bild 5
a   homogene Gemisch-
    verteilung (mit
    Saugrohreinsprit-
    zung)
b   Schichtladung,
    wand- und luftge-
    führtes Brenn-
    verfahren
c   Schichtladung,
    strahlgeführtes
    Brennverfahren

Die homogene
Gemischverteilung
kann sowohl mit der
Saugrohreinspritzung
(Bildteil a) als auch mit
der Direkteinspritzung
(Bildteil c) realisiert
werden.

möglichst schnelle Homogenisierung zu erreichen. Beim heterogenen Schichtbetrieb
befindet sich eine brennfähige Gemischwol-
ke mit $\lambda \approx 1$ als Schichtladung zum Zündzeitpunkt im Bereich der Zündkerze. **Bild 5**
zeigt die Schichtladung für wand- und luft-
geführte (**Bild 5b**) sowie für das strahlge-
führte Brennverfahren (**Bild 5c**). Der restli-
che Brennraum ist mit Luft oder einem sehr
mageren Luft-Kraftstoff-Gemisch gefüllt,
was über den gesamten Zylinder gemittelt
ein mageres Luftverhältnis ergibt. Der Ottomotor kann dann ungedrosselt betrieben
werden. Infolge der Innenkühlung durch die
direkte Einspritzung können solche Motoren
höher verdichten. Die Entdrosselung und
das höhere Verdichtungsverhältnis führen zu
höheren Wirkungsgraden.

Zündung und Entflammung

Das Zündsystem einschließlich der Zündkerze entzündet das Gemisch durch eine
Funkenentladung zu einem vorgegebenen
Zeitpunkt. Die Entflammung muss auch bei
instationären Betriebszuständen hinsichtlich
wechselnder Strömungseigenschaften und
lokaler Zusammensetzung gewährleistet
werden. Durch die Anordnung der Zündkerze kann die sichere Entflammung insbesondere bei geschichteter Ladung oder im
mageren Bereich optimiert werden.

Die notwendige Zündenergie ist grundsätzlich vom Luft-Kraftstoff-Verhältnis abhängig. Im stöchiometrischen Bereich wird
die geringste Zündenergie benötigt, dagegen
erfordern fette und magere Gemische eine
deutlich höhere Energie für eine sichere Entflammung. Der sich einstellende Zündspannungsbedarf ist hauptsächlich von der im
Brennraum herrschenden Gasdichte abhängig und steigt nahezu linear mit ihr an. Der
Energieeintrag des durch den Zündfunken
entflammten Gemisches muss ausreichend
groß sein, um die angrenzenden Bereiche

entflammen zu können und somit eine Flammenausbreitung zu ermöglichen.

Der Zündwinkelbereich liegt in der Teillast bei einem Kurbelwinkel von ca. 50 bis 40 ° vor ZOT (vgl. Bild 2) und bei Saugmotoren in der Volllast bei ca. 20 bis 10 ° vor ZOT. Bei aufgeladenen Motoren im Volllastbetrieb liegt der Zündwinkel wegen erhöhter Klopfneigung bei ca. 10 ° vor ZOT bis 10 ° nach ZOT. Üblicherweise werden im Motorsteuergerät die positiven Zündwinkel als Winkel vor ZOT definiert.

Zylinderfüllung

Eine wichtige Phase des Arbeitspiels wird von der Verbrennung gebildet. Für den Verbrennungsvorgang im Zylinder ist ein Luft-Kraftstoff-Gemisch erforderlich. Das Gasgemisch, das sich nach dem Schließen der Einlassventile im Zylinder befindet, wird als Zylinderfüllung bezeichnet. Sie besteht aus der zugeführten Frischladung (Luft und gegebenenfalls Kraftstoff) und dem Restgas (Bild 6).

Bestandteile
Die Frischladung besteht aus Luft, und bei Ottomotoren mit Saugrohreinspritzung (SRE) dem dampfförmigen oder flüssigen Kraftstoff. Bei Ottomotoren mit Benzindirekteinspritzung (BDE) wird der für das Arbeitsspiel benötigte Kraftstoff direkt in den Zylinder eingespritzt, entweder während des Ansaugtaktes für das homogene Verfahren oder – bei einer Schichtladung – im Verlauf der Kompression.

Der wesentliche Anteil an Frischluft wird über die Drosselklappe angesaugt. Zusätzliches Frischgas kann über das Kraftstoffverdunstungs-Rückhaltesystem angesaugt werden. Die nach dem Schließen der Einlassventile im Zylinder befindliche Luftmasse ist eine entscheidende Größe für die während der Verbrennung am Kolben verrichtete Arbeit und damit für das vom Motor abgegebene Drehmoment. Maßnahmen zur Steigerung des maximalen Drehmomentes und der maximalen Leistung des Motors bedingen eine Erhöhung der maximal möglichen Füllung. Die theoretische Maximalfüllung ist durch den Hubraum, die Ladungswechselaggregate und ihre Variabilität begrenzt. Bei aufgeladenen Motoren markiert der erzielbare Ladedruck zusätzlich die Drehmomentausbeute.

Aufgrund des Totvolumens verbleibt stets zu einem kleinen Teil Restgas aus dem letzten Arbeitszyklus (internes Restgas) im Brennraum. Das Restgas besteht aus Inertgas und bei Verbrennung mit Luftüberschuss (Magerbetrieb) aus unverbrannter Luft. Wichtig für die Prozessführung ist der Anteil des Inertgases am Restgas, da dieses keinen Sauerstoff mehr enthält und an der Verbrennung des folgenden Arbeitsspiels nicht teilnimmt.

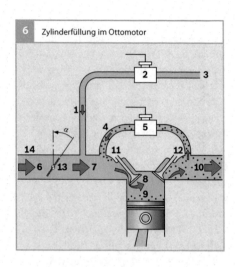

6 Zylinderfüllung im Ottomotor

Bild 6
1 Luft- und Kraftstoffdämpfe (aus Kraftstoffverdunstungs-Rückhaltesystem)
2 Regenerierventil mit variablem Ventilöffnungsquerschnitt
3 Verbindung zum Kraftstoffverdunstungs-Rückhaltesystem
4 rückgeführtes Abgas
5 Abgasrückführventil (AGR-Ventil) mit variablem Ventilöffnungsquerschnitt
6 Luftmassenstrom (mit Umgebungsdruck p_u)
7 Luftmassenstrom (mit Saugrohrdruck p_s)
8 Frischgasfüllung (mit Brennraumdruck p_B)
9 Restgasfüllung (mit Brennraumdruck p_B)
10 Abgas (mit Abgasgegendruck p_A)
11 Einlassventil
12 Auslassventil
13 Drosselklappe
14 Ansaugrohr
a Drosselklappenwinkel

Ladungswechsel

Der Austausch der verbrauchten Zylinderfüllung gegen Frischgas wird Ladungswechsel genannt. Er wird durch das Öffnen und das Schließen der Einlass- und Auslassventile im Zusammenspiel mit der Kolbenbewegung gesteuert. Die Form und die Lage der Nocken auf der Nockenwelle bestimmen den Verlauf der Ventilerhebung und beeinflussen dadurch die Zylinderfüllung. Die Zeitpunkte des Öffnens und des Schließens der Ventile werden Ventil-Steuerzeiten genannt. Die charakteristischen Größen des Ladungswechsels werden durch Auslass-Öffnen (AÖ), Einlass-Öffnen (EÖ), Auslass-Schließen (AS), Einlass-Schließen (ES) sowie durch den maximalen Ventilhub gekennzeichnet. Realisiert werden Ottomotoren sowohl mit festen als auch mit variablem Steuerzeiten und Ventilhüben.

Die Qualität des Ladungswechsels wird mit den Größen Luftaufwand, Liefergrad und Fanggrad beschrieben. Zur Definition dieser Kennzahlen wird die Frischladung herangezogen. Bei Systemen mit Saugrohreinspritzung entspricht diese dem frisch eintretenden Luft-Kraftstoff-Gemisch, bei Ottomotoren mit Benzindirekteinspritzung und Einspritzung in den Verdichtungstakt (nach ES) wird die Frischladung lediglich durch die angesaugte Luftmasse bestimmt. Der Luftaufwand beschreibt die gesamte während des Ladungswechsels durchgesetzte Frischladung bezogen auf die durch das Hubvolumen maximal mögliche Zylinderladung. Im Luftaufwand kann somit zusätzlich jene Masse an Frischladung enthalten sein, welche während einer Ventilüberschneidung direkt in den Abgastrakt überströmt. Der Liefergrad hingegen stellt das Verhältnis der im Zylinder tatsächlich verbliebenen Frischladung nach Einlass-Schließen zur theoretisch maximal möglichen Ladung dar. Der Fanggrad, definiert als das

Verhältnis von Liefergrad zum Luftaufwand, gibt den Anteil der durchgesetzten Frischladung an, welcher nach Abschluss des Ladungswechsels im Zylinder eingeschlossen wird. Zusätzlich ist als weitere wichtige Größe für die Beschreibung der Zylinderladung der Restgasanteil als das Verhältnis aus der sich zum Einlassschluss im Zylinder befindlichen Restgasmasse zur gesamt eingeschlossenen Masse an Zylinderladung definiert.

Um im Ladungswechsel das Abgas durch das Frischgas zu ersetzen, ist ein Arbeitsaufwand notwendig. Dieser wird als Ladungswechsel- oder auch Pumpverlust bezeichnet. Die Ladungswechselverluste verbrauchen einen Teil der umgewandelten mechanischen Energie und senken daher den effektiven Wirkungsgrad des Motors. In der Ansaugphase, also während der Abwärtsbewegung des Kolbens, ist im gedrosselten Betrieb der Saugrohrdruck kleiner als der Umgebungsdruck und insbesondere kleiner als der Druck im Kurbelgehäuse (Kolbenrückraum). Zum Ausgleich dieser Druckdifferenz wird Energie benötigt (Drosselverluste). Insbesondere bei hohen Drehzahlen und Lasten (im entdrosselten Betrieb) tritt beim Ausstoßen des verbrannten Gases während der Aufwärtsbewegung des Kolbens ein Staudruck im Brennraum auf, was wiederum zu zusätzlichen Energieverlusten führt, welche Ausschiebeverluste genannt werden.

Steuerung der Luftfüllung

Der Motor saugt die Luft über den Luftfilter und den Ansaugtrakt an (**Bilder 7 und 8**), wobei die Drosselklappe aufgrund ihrer Verstellbarkeit für eine dosierte Luftzufuhr sorgt und somit das wichtigste Stellglied für den Betrieb des Ottomotors darstellt. Im weiteren Verlauf des Ansaugtraktes erfährt der angesaugte Luftstrom die Beimischung von Kraftstoffdampf aus dem Kraftstoffverdunstungs-Rückhaltesystem sowie von rückgeführtem Abgas (AGR). Mit diesem kann zur Entdrosselung des Arbeitsprozesses – und damit einer Wirkungsgradsteigerung im Teillastbereich – der Anteil des Restgases an der Zylinderfüllung erhöht werden. Die äußere Abgasrückführung führt das ausgestoßene Restgas vom Abgassystem zurück in den Saugkanal. Dabei kann ein zusätzlich installierter AGR-Kühler das rückgeführte Abgas vor dem Eintritt in das Saugrohr auf ein niedrigeres Temperaturniveau kühlen und damit die Dichte der Frischladung erhöhen. Zur Dosierung der äußeren Abgasrückführung wird ein Stellventil verwendet.

Der Restgasanteil der Zylinderladung kann jedoch im großen Maße ebenfalls durch die Menge der im Zylinder verbleibenden Restgasmasse geändert werden. Zu deren Steuerung können Variabilitäten im Ventiltrieb eingesetzt werden. Zu nennen sind hier insbesondere Phasensteller der Nockenwellen, durch deren Anwendung die Steuerzeiten im breiten Bereich beeinflusst werden können und dadurch das Einbehalten einer gewünschten Restgasmasse ermöglichen. Durch eine Ventilüberschneidung kann beispielsweise der Restgasanteil für das folgende Arbeitsspiel wesentlich beeinflusst werden. Während der Ventilüberschneidung sind Ein- und Auslassventil gleichzeitig geöffnet, d. h., das Einlassventil öffnet, bevor das Auslassventil schließt. Ist in der Überschneidungsphase der Druck im Saugrohr niedriger als im Abgastrakt, so tritt eine Rückströmung des Restgases in das Saugrohr auf. Da das so ins Saugrohr gelangte Restgas nach dem Auslass-Schließen wieder angesaugt wird, führt dies zu einer Erhöhung des Restgasgehalts.

Der Einsatz von variablen Ventiltrieben ermöglicht darüber hinaus eine Vielzahl an Verfahren, mit welchen sich die spezifische Leistung und der Wirkungsgrad des Ottomotors weiter steigern lassen. So ermöglicht eine verstellbare Einlassnockenwelle beispielsweise die Anpassung der Steuerzeit für die Einlassventile an die sich mit der Drehzahl veränderliche Gasdynamik des Saugtraktes, um in Volllastbetrieb die optimale Füllung der Zylinder zu ermöglichen.

Zur Wirkungsgradsteigerung im gedrosselten Betrieb bei Teillast ist zudem die Anwendung vom späten oder frühen Schließen der Einlassventile möglich. Beim Atkinson-Verfahren wird durch spätes Schließen der Einlassventile ein Teil der angesaugten Ladung wieder aus dem Zylinder in das Saugrohr verdrängt. Um die Ladungsmasse der Standardsteuerzeit im Zylinder einzuschließen, wird der Motor weiter entdrosselt und damit der Wirkungsgrad erhöht. Aufgrund der langen Öffnungsdauer der Einlassventile beim Atkinson-Verfahren können insbesondere bei Saugmotoren zudem gasdynamische Effekte ausgenutzt werden.

Das Miller-Verfahren hingegen beschreibt ein frühes Schließen der Einlassventile. Dadurch wird die im Zylinder eingeschlossene Ladung im Fortgang der Abwärtsbewegung des Kolbens (Saugtakt) expandiert. Verglichen mit der Standard-Steuerzeit erfolgt die darauf folgende Kompression auf einem niedrigeren Druck- und Temperaturniveau. Um das gleiche Moment zu erzeugen und hierfür die gleiche Masse an Frischladung im Zylinder einzuschließen, muss der Arbeitsprozess (wie auch beim Atkinson-Verfahren) entdrosselt werden, was den Wirkungsgrad erhöht. Aufgrund der weitgehenden Bremsung der Ladungsbewegung während der Expansion vor dem Verdichtungstakt wird allerdings die Verbrennung verlangsamt und das theoretische Wirkungsgradpotential daher zum großen Teil wieder kompensiert. Da beide Verfahren die Temperatur der Zylinderladung während der Kompression senken, können sie insbesondere bei aufgeladenen Ottomotoren an der Volllast ebenfalls

7 Strukturbild eines Ottomotors mit Saugrohreinspritzung ohne Aufladung einschließlich Komponenten für die elektronische Steuerung und Regelung

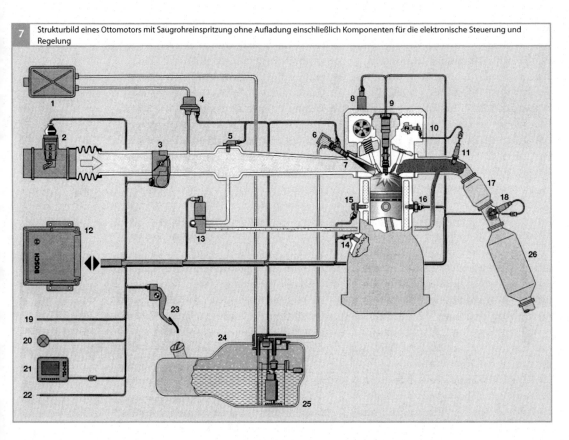

Bild 7

1   Aktivkohlebehälter
2   Heißfilm-Luftmassenmesser (HFM) mit integriertem Temperatursensor
3   Drosselvorrichtung (EGAS)
4   Tankentlüftungsventil
5   Saugrohrdrucksensor
6   Kraftstoffverteilerstück
7   Einspritzventil
8   Aktoren und Sensoren für variable Nockenwellensteuerung
9   Zündkerze mit aufgesteckter Zündspule
10 Nockenwellen-Phasensensor
11 λ-Sonde vor dem Vorkatalysator
12 Motorsteuergerät
13 Abgasrückführventil
14 Drehzahlsensor
15 Klopfsensor
16 Motortemperatursensor

17 Vorkatalysator (Dreiwegekatalysator)
18 λ-Sonde nach dem Vorkatalysator
19 CAN-Schnittstelle
20 Motorkontrollleuchte
21 Diagnoseschnittstelle
22 Schnittstelle zur Wegfahrsperre
23 Fahrpedalmodul mit Pedalwegsensor
24 Kraftstoffbehälter
25 Tankeinbaueinheit mit Elektrokraftstoffpumpe, Kraftstofffilter und Kraftstoffregler
26 Hauptkatalysator (Dreiwegekatalysator)

Der in Bild 7 dargestellte Systemumfang bezüglich der On-Board-Diagnose entspricht den Anforderungen der EOBD.

zur Senkung der Klopfneigung und damit zur Steigerung der spezifischen Leistung verwendet werden.

Die Anwendung variabler Ventilhubverfahren ermöglicht durch die Darstellung von Teilhüben der Einlassventile ebenfalls eine Entdrosselung des Motors an der Drosselklappe und damit eine Wirkungsgradsteigerung. Zudem kann durch unterschiedliche Hubverläufe der Einlassventile eines Zylinders die Ladungsbewegung deutlich erhöht werden, was insbesondere im Bereich niedriger Lasten die Verbrennung deutlich stabilisiert und damit die Anwendung hoher Restgasraten erleichtert. Eine weitere Möglichkeit zur Steuerung der Ladungsbewegung bilden Ladungsbewegungsklappen, welche durch ihre Stellung im Saugkanal des

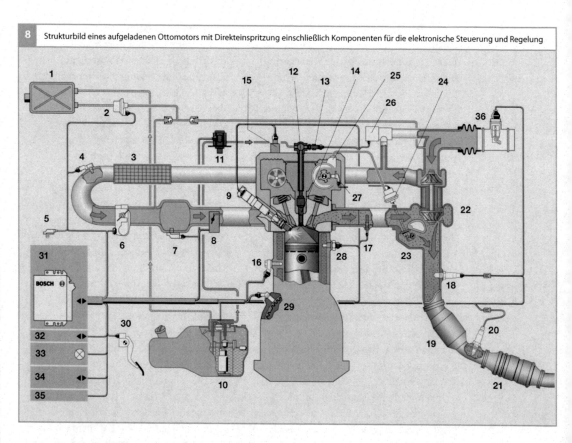

8 Strukturbild eines aufgeladenen Ottomotors mit Direkteinspritzung einschließlich Komponenten für die elektronische Steuerung und Regelung

Zylinderkopfs die Strömungsbewegung beeinflussen. Allerdings ergibt sich hier aufgrund der höheren Strömungsverluste auch
eine Steigerung der Ladungswechselarbeit.

Insgesamt lassen sich durch die Anwendung variabler Ventiltriebe, welche eine
Kombination aus Steuerzeit- und Ventilhubverstellung bis hin zu voll-variablen Systemen umfassen, beträchtliche Steigerungen
der spezifischen Leistung sowie des Wirkungsgrades erreichen. Auch die Anwendung eines geschichteten Brennverfahrens
erlaubt aufgrund des hohen Luftüberschus-
ses einen weitgehend ungedrosselten Betrieb, welcher insbesondere in der Teillast
des Ottomotors zur einer erheblichen Steigerung des effektiven Wirkungsgrades führt.

Bild 8

1 Aktivkohlebehälter
2 Tankentlüftungsventil
3 Heißfilm-Luftmassenmesser
4 kombinierter Ladedruck- und Ansauglufttemperatursensor
5 Umgebungsdrucksensor
6 Drosselvorrichtung (EGAS)
7 Saugrohrducksensor
8 Ladungsbewegungsklappe
9 Zündspule mit Zündkerze
10 Kraftstofffördermodul mit Elektrokraftstoffpumpe
11 Hochdruckpumpe
12 Kraftstoff-Verteilerrohr
13 Hochdrucksensor
14 Hochdruck-Einspritzventil
15 Nockenwellenversteller
16 Klopfsensor
17 Abgastemperatursensor

18 λ-Sonde
19 Vorkatalysator
20 λ-Sonde
21 Hauptkatalysator
22 Abgasturbolader
23 Waste-Gate
24 Waste-Gate-Steller
25 Vakuumpumpe
26 Schub-Umluftventil
27 Nockenwellen-Phasensensor
28 Motortemperatursensor
29 Drehzahlsensor
30 Fahrpedalmodul
31 Motorsteuergerät
32 CAN-Schnittstelle
33 Motorkontrollleuchte
34 Diagnoseschnittstelle
35 Schnittstelle zur Wegfahrsperre

Das bei homogener, stöchiometrischer Gemischverteilung erreichbare Drehmoment ist proportional zu der Frischgasfüllung. Daher kann das maximale Drehmoment lediglich durch die Verdichtung der Luft vor Eintritt in den Zylinder (Aufladung) gesteigert werden. Mit der Aufladung kann der Liefergrad, bezogen auf Normbedingungen, auf Werte größer als eins erhöht werden. Eine Aufladung kann bereits allein durch Nutzung gasdynamischer Effekte im Saugrohr erzielt werden (gasdynamische Aufladung). Der Aufladungsgrad hängt von der Gestaltung des Saugrohrs sowie vom Betriebspunkt des Motors ab, im Wesentlichen von der Drehzahl, aber auch von der Füllung. Mit der Möglichkeit, die Saugrohrgeometrie während des Fahrbetriebs beispielsweise durch eine variable Saugrohrlänge zu ändern, kann die gasdynamische Aufladung in einem weiten Betriebsbereich für eine Steigerung der maximalen Füllung herangezogen werden.

Eine weitere Erhöhung der Luftdichte erzielen mechanisch angetriebene Verdichter bei der mechanischen Aufladung, welche von der Kurbelwelle des Motors angetrieben werden. Die komprimierte Luft wird dabei durch das Ansaugsystem, welches dann zugunsten eines schnellen Ansprechverhaltens des Motors mit kleinem Sammlervolumen und kurzen Saugrohrlängen ausgeführt wird, in die Zylinder gepumpt.

Bei der Abgasturboaufladung wird im Unterschied zur mechanischen Aufladung der Verdichter des Abgasturboladers nicht von der Kurbelwelle angetrieben, sondern von einer Abgasturbine, welche sich im Abgastrakt befindet und die Enthalpie des Abgases ausnutzt. Die Enthalpie des Abgases kann zusätzlich erhöht werden, in dem durch die Anwendung einer Ventilüberschneidung ein Teil der Frischladung durch die Zylinder gespült (Scavenging) und damit der Massen-strom an der Abgasturbine erhöht wird. Zusätzlich sorgt eine hohe Spülrate für niedrige Restgasanteile. Da bei Motoren mit Abgasturboaufladung im unteren Drehzahlbereich an der Volllast ein positives Druckgefälle über dem Zylinder gut eingestellt werden kann, erhöht dieses Verfahren wesentlich das maximale Drehmoment in diesem Betriebsbereich (Low-End-Torque).

Füllungserfassung und Gemischregelung
Beim Ottomotor wird die zugeführte Kraftstoffmenge in Abhängigkeit der angesaugten Luftmasse eingestellt. Dies ist nötig, weil sich nach einer Änderung des Drosselklappenwinkels die Luftfüllung erst allmählich ändert, während die Kraftstoffmenge arbeitsspielindividuell variiert werden kann. In der Motorsteuerung muss daher für jedes Arbeitsspiel je nach der Betriebsart (Homogen, Homogen-mager, Schichtbetrieb) die aktuell vorhandene Luftmasse bestimmt werden (durch Füllungserfassung). Es gibt grundsätzlich drei Verfahren, mit welchen dies erfolgen kann. Das erste Verfahren arbeitet folgendermaßen: Über ein Kennfeld wird in Abhängigkeit von Drosselklappenwinkel α und Drehzahl n der Volumenstrom bestimmt, der über geeignete Korrekturen in einem Luftmassenstrom umgerechnet wird. Die auf diesem Prinzip arbeitenden Systeme heißen α-n-Systeme.

Beim zweiten Verfahren wird über ein Modell (Drosselklappenmodell) aus der Temperatur vor der Drosselklappe, dem Druck vor und nach der Drosselklappe sowie der Drosselklappenstellung (Winkel α) der Luftmassenstrom berechnet. Als Erweiterung dieses Modells kann zusätzlich aus der Motordrehzahl n, dem Druck p im Saugrohr (vor dem Einlassventil), der Temperatur im Einlasskanal und weiteren Einflüssen (Nockenwellen- und Ventilhubverstellung, Saugrohrumschaltung, Position der Ladungsbewegungsklappe) die vom Zylinder angesaugte Frischluft berechnet werden. Nach diesem Prinzip arbeitende Systeme werden *p-n*-Systeme genannt. Je nach Komplexität des Motors, insbesondere die Variabilitäten des Ventiltriebs betreffend, können hierfür aufwendige Modelle notwendig sein. Das dritte Verfahren besteht darin, dass ein Heißfilm-Luftmassenmesser (HFM) direkt den in das Saugrohr einströmenden Luftmassenstrom misst. Weil mittels eines Heißfilm-Luftmassenmessers oder eines Drosselklappenmodells nur der in das Saugrohr einfließende Massenstrom bestimmt werden kann, liefern diese beiden Systeme nur im stationären Motorbetrieb einen gültigen Wert für die Zylinderfüllung. Ein stationärer Betrieb setzt die Annahme eines konstanten Saugrohrdrucks voraus, so dass die dem Saugrohr zufließenden und den Motor verlassenden Luftmassenströme identisch sind. Die Anwendung sowohl des Heißfilm-Luftmassenmessers als auch des Drosselklap-

penmodells liefert bei einem plötzlichen Lastwechsel (d. h. bei einer plötzlichen Änderung des Drosselklappenwinkels) eine augenblickliche Änderung des dem Saugrohr zufließenden Massenstroms, während sich der in den Zylinder eintretende Massenstrom und damit die Zylinderfüllung erst ändern, wenn sich der Saugrohrdruck erhöht oder erniedrigt hat. Daher muss für die richtige Abbildung transienter Vorgänge entweder das *p-n*-System verwendet oder eine zusätzliche Modellierung des Speicherverhaltens im Saugrohr (Saugrohrmodell) erfolgen.

Kraftstoffe

Für den ottomotorischen Betrieb werden Kraftstoffe benötigt, welche aufgrund ihrer Zusammensetzung eine niedrige Neigung zur Selbstzündung (hohe Klopffestigkeit) aufweisen. Andernfalls kann die während der Kompression nach einer Selbstzündung erfolgte, schlagartige Umsetzung der Zylin-

Tabelle 1
Eigenschaftswerte flüssiger Kraftstoffe. Die Viskosität bei 20 °C liegt für Benzin bei etwa 0,6 mm²/s, für Methanol bei etwa 0,75 mm²/s

Stoff	Dichte in kg/*l*	Hauptbestandteile in Gewichtsprozent	Siedetemperatur in °C	Spezifische Verdampfungswärme in kJ/kg	Spezifischer Heizwert in MJ/kg	Zündtemperatur in °C	Luftbedarf, stöchiometrisch in kg/kg	Zündgrenze untere	obere
								in Volumenprozent Gas in Luft	
Ottokraftstoff									
Normal	0,720...0,775	86 C, 14 H	25...210	380...500	41,2...41,9	≈ 300	14,8	≈ 0,6	≈ 8
Super	0,720...0,775	86 C, 14 H	25...210	–	40,1...41,6	≈ 400	14,7	–	–
Flugbenzin	0,720	85 C, 15 H	40...180	–	43,5	≈ 500	–	≈ 0,7	≈ 8
Kerosin	0,77...0,83	87 C, 13 H	170...260	–	43	≈ 250	14,5	≈ 0,6	≈ 7,5
Dieselkraftstoff	0,820...0,845	86 C, 14 H	180...360	≈ 250	42,9...43,1	≈ 250	14,5	≈ 0,6	≈ 7,5
Ethanol C₂H₅OH	0,79	52 C, 13 H, 35 O	78	904	26,8	420	9	3,5	15
Methanol CH₃OH	0,79	38 C, 12 H, 50 O	65	1 110	19,7	450	6,4	5,5	26
Rapsöl	0,92	78 C, 12 H, 10 O	–	–	38	≈ 300	12,4	–	–
Rapsölmethylester (Biodiesel)	0,88	77 C, 12 H, 11 O	320...360	–	36,5	283	12,8	–	–

Stoff	Dichte bei 0 °C und 1 013 mbar in kg/m³	Hauptbe-standteile in Gewichts-prozent	Siedetempera-tur bei 1 013 mbar in °C	Spezifischer Heizwert		Zünd-temperatur in °C	Luftbedarf, stöchio-metrisch in kg/kg	Zündgrenze	
				Kraftstoff in MJ/kg	Luft-Krafts-stoff-Gemisch in MJ/m³			untere	obere
								in Volumenprozent Gas in Luft	
Flüssiggas (Autogas)	2,25	C_3H_8, C_4H_{10}	−30	46,1	3,39	≈ 400	15,5	1,5	15
Erdgas H (Nordsee)	0,83	87 CH_4, 8 C_2H_6, 2 C_3H_8, 2 CO_2, 1 N_2	−162 (CH_4)	46,7	–	584	16,1	4,0	15,8
Erdgas H (Russland)	0,73	98 CH_4, 1 C_2H_6, 1 N_2	−162 (CH_4)	49,1	3,4	619	16,9	4,3	16,2
Erdgas L	0,83	83 CH_4, 4 C_2H_6, 1 C_3H_8, 2 CO_2, 10 N_2	−162 (CH_4)	40,3	3,3	≈ 600	14,0	4,6	16,0

Tabelle 2
Eigenschaftswerte gas-förmiger Kraftstoffe. Das als Flüssiggas bezeich-nete Gasgemisch ist bei 0 °C und 1 013 mbar gasförmig; in flüssiger Form hat es eine Dichte von 0,54 kg/l.

derladung zu mechanischen Schäden des Ottomotors bis hin zu seinem Totalausfall führen. Die Klopffestigkeit eines Ottokraft-stoffes wird durch die Oktanzahl beschrie-ben. Die Höhe der Oktanzahl bestimmt die spezifische Leistung des Ottomotors. An der Volllast wird aufgrund der Gefahr von Mo-torschäden die Lage der Verbrennung durch das Motorsteuergerät über einen Zündwin-keleingriff (durch die Klopfregelung) so ein-gestellt, dass – durch Senkung der Verbren-nungstemperatur durch eine späte Lage der Verbrennung – keine Selbstzündung der Frischladung erfolgt. Dies begrenzt jedoch das nutzbare Drehmoment des Motors. Je höher die verwendete Oktanzahl ist, desto höher fällt, bei einer entsprechenden Beda-tung des Motorsteuergeräts, die spezifische Leistung aus.

In den **Tabellen 1** und **2** sind die Stoffwer-te der wichtigsten Kraftstoffe zusammenge-fasst. Verwendung findet meist Benzin, wel-ches durch Destillation aus Rohöl gewonnen und zur Steigerung der Klopffestigkeit mit geeigneten Komponenten versetzt wird. So

wird bei Benzinkraftstoffen in Deutschland zwischen Super und Super-Plus unterschie-den, einige Anbieter haben ihre Super-Plus-Kraftstoffe durch 100-Oktan-Benzine ersetzt. Seit Januar 2011 enthält der Super-Kraftstoff bis zu 10 Volumenprozent Ethanol (E10), alle anderen Sorten sind mit max. 5 Volu-menprozent Ethanol (E5) versetzt. Die Abkürzung E10 bezeichnet dabei einen Ottokraftstoff mit einem Anteil von 90 Volu-menprozent Benzin und 10 Volumenprozent Ethanol. Die ottomotorische Verwendung von reinen Alkoholen (Methanol M100, Ethanol E100) ist bei Verwendung geeigne-ter Kraftstoffsysteme und speziell adaptierter Motoren möglich, da aufgrund des höheren Sauerstoffgehalts ihre Oktanzahl die des Benzins übersteigt.

Auch der Betrieb mit gasförmigen Kraft-stoffen ist beim Ottomotor möglich. Ver-wendung findet als serienmäßige Ausstat-tung (in bivalenten Systemen mit Benzin-und Gasbetrieb) in Europa meist Erdgas (Compressed Natural Gas CNG), welches hauptsächlich aus Methan besteht. Aufgrund des höheren Wasserstoff-Kohlenstoff-Verhältnisses entsteht bei der Verbrennung von Erdgas weniger CO_2 und mehr Wasser als bei Verbrennung von Benzin. Ein auf Erdgas eingestellter Ottomotor erzeugt bereits ohne weitere Optimierung ca. 25 % weniger CO_2-Emissionen als beim Einsatz von Benzin. Durch die sehr hohe Oktanzahl (ROZ 130) eignet sich der mit Erdgas betriebene Ottomotor ideal zur Aufladung und lässt zudem eine Erhöhung des Verdichtungsverhältnisses zu. Durch den monovalenten Gaseinsatz in Verbindung mit einer Hubraumverkleinerung (Downsizing) kann der effektive Wirkungsgrad des Ottomotors erhöht und seine CO_2-Emission gegenüber dem konventionellen Benzin-Betrieb maßgeblich verringert werden.

Häufig, insbesondere in Anlagen zur Nachrüstung, wird Flüssiggas (Liquid Petroleum Gas LPG), auch Autogas genannt, eingesetzt. Das verflüssigte Gasgemisch besteht aus Propan und Butan. Die Oktanzahl von Flüssiggas liegt mit ROZ 120 deutlich über dem Niveau von Super-Kraftstoffen, bei seiner Verbrennung entstehen ca. 10 % weniger CO_2-Emissionen als im Benzinbetrieb.

Auch die ottomotorische Verbrennung von reinem Wasserstoff ist möglich. Aufgrund des Fehlens an Kohlenstoff entsteht bei der Verbrennung von Wasserstoff kein Kohlendioxid, als „CO_2-frei" darf dieser Kraftstoff dennoch nicht gelten, wenn bei seiner Herstellung CO_2 anfällt. Aufgrund seiner sehr hohen Zündwilligkeit ermöglicht der Betrieb mit Wasserstoff eine starke Abmagerung und damit eine Steigerung des effektiven Wirkungsgrades des Ottomotors.

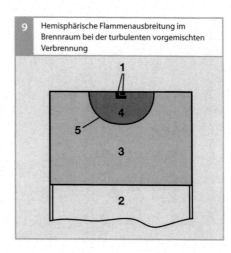

9 Hemisphärische Flammenausbreitung im Brennraum bei der turbulenten vorgemischten Verbrennung

Bild 9
1 Elektroden der Zündkerze
2 Kolben
3 Gemisch mit λ_g
4 Verbranntes Gas mit $\lambda_v \approx \lambda_g$
5 Flammenfront

λ bezeichnet die Luftzahl.

Verbrennung

Turbulente vorgemischte Verbrennung

Das homogene Brennverfahren stellt die Referenz bei der ottomotorischen Verbrennung dar. Dabei wird ein stöchiometrisches, homogenes Gemisch während der Verdichtungsphase durch einen Zündfunken entflammt. Der daraus entstehende Flammkern geht in eine turbulente, vorgemischte Verbrennung mit sich nahezu hemisphärisch (halbkugelförmig) ausbreitender Flammenfront über (Bild 9).

Hierzu wird eine zunächst laminare Flammenfront, deren Fortschrittgeschwindigkeit von Druck, Temperatur und Zusammensetzung des Unverbrannten abhängt, durch viele kleine, turbulente Wirbel zerklüftet. Dadurch vergrößert sich die Flammenoberfläche deutlich. Das wiederum erlaubt einen erhöhten Frischladungseintrag in die Reaktionszone und somit eine deutliche Erhöhung der Flammenfortschrittsgeschwindigkeit. Hieraus ist ersichtlich, dass die Turbulenz der Zylinderladung einen sehr relevanten Faktor zur Verbrennungsoptimierung darstellt.

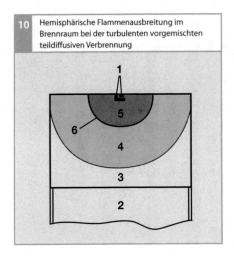

10 Hemisphärische Flammenausbreitung im Brennraum bei der turbulenten vorgemischten teildiffusiven Verbrennung

Bild 10
1 Elektroden der Zündkerze
2 Kolben
3 Luft (und Restgas) mit $\lambda \rightarrow \infty$
4 Gemisch mit $\lambda_g \approx 1$
5 Verbranntes Gas mit $\lambda_v \approx 1$
6 Flammenfront

Über den gesamten Brennraum gemittelt ergibt sich eine Luftzahl über eins.

Turbulente vorgemischte teildiffusive Verbrennung

Zur Senkung des Kraftstoffverbrauchs und somit der CO_2-Emission ist das Verfahren der geschichteten Fremdzündung beim Ottomotor, auch Schichtbetrieb genannt, ein vielversprechender Ansatz.

Bei der geschichteten Fremdzündung wird im Extremfall lediglich die Frischluft verdichtet und erst in Nähe des oberen Totpunkts der Kraftstoff eingespritzt sowie zeitnah von der Zündkerze gezündet. Dabei entsteht eine geschichtete Ladung, welche idealerweise in der Nähe der Zündkerze ein Luft-Kraftstoff-Verhältnis von $\lambda \approx 1$ besitzt, um die optimalen Bedingungen für die Entflammung und Verbrennung zu ermöglichen (Bild 10). In der Realität jedoch ergeben sich aufgrund der stochastischen Art der Zylinderinnenströmung sowohl fette als auch magere Gemisch-Zonen in der Nähe der Zündkerze. Dies erfordert eine höhere geometrische Genauigkeit in der Abstimmung der idealen Injektor- und Zündkerzenposition, um die Entflammungsrobustheit sicher zu stellen.

Nach erfolgter Zündung stellt sich eine überwiegend turbulente, vorgemischte Ver-

brennung ein, und zwar dort, wo der Kraftstoff schon verdampft innerhalb eines Luft-Kraftstoff-Gemisches vorliegt. Des Weiteren verläuft die Umsetzung eines Teils des Kraftstoffs an der Luft-Kraftstoff-Grenze verdampfender Tropfen als diffusive Verbrennung. Ein weiterer wichtiger Effekt liegt beim Verbrennungsende. Hierbei erreicht die Flamme sehr magere Bereiche, die früher ins Quenching führen, d. h. in den Zustand, bei welchem die thermodynamischen Bedingungen wie Temperatur und Gemischqualität nicht mehr ausreichen, die Flamme weiter fortschreiten zu lassen. Hieraus können sich erhöhte HC- und CO-Emissionen ergeben. Die NO_x-Bildung ist für dieses entdrosselte und verdünnte Brennverfahren im Vergleich zur homogenen stöchiometrischen Verbrennung relativ gering. Der Dreiwegekatalysator ist jedoch wegen des mageren Abgases nicht in der Lage, selbst die geringe NO_x-Emission zu reduzieren. Dies macht eine spezifische Nachbehandlung der Abgase erforderlich, z. B. durch den Einsatz eines NO_x-Speicherkatalysators oder durch die Anwendung der selektiven katalytischen Reduktion unter Verwendung eines geeigneten Reduktionsmittels.

Homogene Selbstzündung

Vor dem Hintergrund einer verschärften Abgasgesetzgebung bei gleichzeitiger Forderung nach geringem Kraftstoffverbrauch ist das Verfahren der homogenen Selbstzündung beim Ottomotor, auch HCCI (Homogeneous Charge Compression Ignition) genannt, eine weitere interessante Alternative. Bei diesem Brennverfahren wird ein stark mit Luft oder Abgas verdünntes Kraftstoffdampf-Luft-Gemisch im Zylinder bis zur Selbstzündung verdichtet. Die Verbrennung erfolgt als Volumenreaktion ohne Ausbildung einer turbulenten Flammenfront oder einer Diffusionsverbrennung (Bild 11).

Die thermodynamische Analyse des Arbeitsprozesses verdeutlicht die Vorteile des HCCI-Verfahrens gegenüber der Anwendung anderer ottomotorischer Brennverfahren mit konventioneller Fremdzündung: Die Entdrosselung (hoher Massenanteil, der am thermodynamischen Prozess teilnimmt und drastische Reduktion der Ladungswechselverluste), kalorische Vorteile bedingt durch die Niedrigtemperatur-Umsetzung und die schnelle Wärmefreisetzung führen zu einer Annäherung an den idealen Gleichraumprozess und somit zur Steigerung des thermischen Wirkungsgrades. Da die Selbstzündung und die Verbrennung an unterschiedlichen Orten im Brennraum gleichzeitig beginnen, ist die Flammenausbreitung im Gegensatz zum fremdgezündeten Betrieb nicht von lokalen Randbedingungen abhängig, so dass geringere Zyklusschwankungen auftreten.

Die kontrollierte Selbstzündung bietet die Möglichkeit, den Wirkungsgrad des Arbeitsprozesses unter Beibehaltung des klassischen Dreiwegekatalysators ohne zusätzliche Abgasnachbehandlung zu steigern. Die überwiegend magere Niedrigtemperatur-Wärmefreisetzung bedingt einen sehr niedrigen NO_x-Ausstoß bei ähnlichen HC-Emissionen und reduzierter CO-Bildung im Vergleich zum konventionellen fremdgezündeten Betrieb.

Irreguläre Verbrennung

Unter irregulärer Verbrennung beim Ottomotor versteht man Phänomene wie die klopfende Verbrennung, Glühzündung oder andere Vorentflammungserscheinungen. Eine klopfende Verbrennung äußert sich im Allgemeinen durch ein deutlich hörbares, metallisches Geräusch (Klingeln, Klopfen). Die schädigende Wirkung eines dauerhaften Klopfens kann zum völligen Ausfall des Mo-

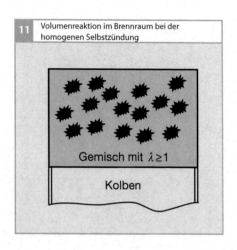

11 Volumenreaktion im Brennraum bei der homogenen Selbstzündung

Gemisch mit $\lambda \geq 1$

Kolben

tors führen. In heutigen Serienmotoren dient eine Klopfregelung dazu, den Motor bei Volllast gefahrlos an der Klopfgrenze zu betreiben. Hierzu wird die klopfende Verbrennung durch einen Sensor detektiert und der Zündwinkel vom Steuergerät entsprechend angepasst. Durch die Anwendung der Klopfregelung ergeben sich weitere Vorteile, insbesondere die Reduktion des Kraftstoffverbrauchs, die Erhöhung des Drehmoments sowie die Darstellung des Motorbetriebs in einem vergrößerten Oktanzahlbereich. Eine Klopfregelung ist allerdings nur dann anwendbar, wenn das Klopfen ein reproduzierbares und wiederkehrendes Phänomen ist.

Der Unterschied zwischen einer regulären und einer klopfenden Verbrennung ist in (Bild 12) dargestellt. Aus dieser wird deutlich, dass der Zylinderdruck bereits vor Klopfbeginn infolge hochfrequenter Druckwellen, welche durch den Brennraum pulsieren, im Vergleich zum nicht klopfenden Arbeitsspiel deutlich ansteigt. Bereits die frühe Phase der klopfenden Verbrennung zeichnet sich also gegenüber dem mittleren Arbeitsspiel (in Bild 12 als reguläre Verbrennung gekennzeichnet) durch einen schnelleren Massenumsatz aus. Beim Klopfen kommt es

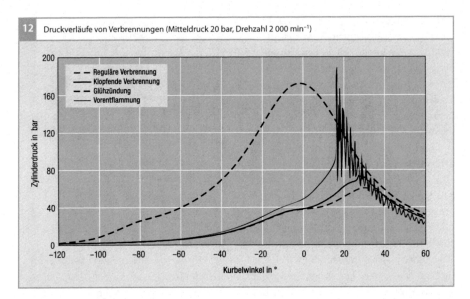

12 Druckverläufe von Verbrennungen (Mitteldruck 20 bar, Drehzahl 2 000 min⁻¹)

- – – Reguläre Verbrennung
- —— Klopfende Verbrennung
- – – Glühzündung
- —— Vorentflammung

Zylinderdruck in bar (y-Achse: 0, 40, 80, 120, 160, 200)

Kurbelwinkel in ° (x-Achse: −120, −100, −80, −60, −40, −20, 0, 20, 40, 60)

Bild 12
Der Kurbelwinkel ist auf den oberen Totpunkt in der Kompressionsphase (ZOT) bezogen.

zur Selbstzündung in den noch nicht von der Flamme erfassten Endgaszonen. Die stehenden Wellen, die anschließend durch den Brennraum fortschreiten, verursachen das hörbare, klingelnde Geräusch. Im Motorbetrieb wird das Eintreten von Klopfen durch eine Spätverstellung des Zündwinkels vermieden. Dies führt, je nach resultierender Schwerpunktslage der Verbrennung, zu einem nicht unerheblichen Wirkungsgradverlust.

Die Glühzündung führt gewöhnlich zu einer sehr hohen mechanischen Belastung des Motors. Die Entflammung des Frischgemischs erfolgt hierbei teilweise deutlich vor dem regulären Auslösen des Zündfunkens. Häufig kommt es zu einem sogenannten Run-on, wobei nach starkem Klopfen der Zeitpunkt der Entzündung mit jedem weiteren Arbeitsspiel früher erfolgt. Dabei wird ein Großteil des Frischgemisches bereits deutlich vor dem oberen Totpunkt in der Kompressionsphase umgesetzt (**Bild 12**). Druck und Temperatur im Brennraum steigen dabei aufgrund der noch ablaufenden

Kompression stark an. Hat sich die Glühzündung erst eingestellt, kommt es im Gegensatz zur klopfenden Verbrennung zu keinem wahrnehmbaren Geräusch, da die pulsierenden Druckwellen im Brennraum ausbleiben. Solch eine extrem frühe Glühzündung führt meistens zum sofortigen Ausfall des Motors. Bevorzugte Stellen, an denen eine Oberflächenzündung beginnen kann, sind überhitzte Ventile oder Zündkerzen, glühende Verbrennungsrückstände oder sehr heiße Stellen im Brennraum wie beispielsweise Kanten von Kolbenmulden. Eine Oberflächenzündung kann durch entsprechende Auslegung der Kühlkanäle im Bereich des Zylinderkopfs und der Laufbuchse in den meisten Fällen vermieden werden.

Eine Vorentflammung zeichnet sich durch eine unkontrollierte und sporadisch auftretende Selbstentflammung aus, welche vor allem bei kleinen Drehzahlen und hohen Lasten auftritt. Der Zeitpunkt der Selbstentflammung kann dabei von deutlich vor bis zum Zeitpunkt der Zündeinleitung selbst variieren. Betroffen von diesem Phänomen sind generell hoch aufgeladene Motoren mit hohen Mitteldrücken im unteren Drehzahlbereich (Low-End-Torque). Hier entfällt bis heute die Möglichkeit zur effektiven Regelung, die dem Auftreten der Vorentflammung entgegenwirken könnte, da die Ereignisse meist einzeln auftreten und nur selten unmittelbar in mehreren Arbeitsspielen aufeinander folgen. Als Reaktion wird bei Serienmotoren nach heutigem Stand zunächst der Ladedruck reduziert. Tritt weiterhin ein Vorentflammungsereignis auf, wird als letzte Maßnahme die Einspritzung ausgeblendet. Die Folge einer Vorentflammung ist eine schlagartige Umsetzung der verbliebenen Zylinderladung mit extremen Druckgradienten und sehr hohen Spitzendrücken, die teilweise 300 bar erreichen. Im Allgemeinen führt ein Vorentflammungsereignis daraufhin immer zu extremem Klopfen und gleicht vom Ablauf her einer Verbrennung, wie sie sich bei extrem früher Zündeinleitung (Überzündung) darstellt. Die Ursache hierfür ist noch nicht vollends geklärt. Vielmehr existieren auch hier mehrere Erklärungsversuche. Die Direkteinspritzung spielt hier eine relevante Rolle, da zündwillige Tropfen und zündwilliger Kraftstoffdampf in den Brennraum gelangen können. Unter anderem stehen Ablagerungen (Partikel, Ruß usw.) im Verdacht, da sie sich von der Brennraumwand lösen und als Initiator in Betracht kommen. Ein weiterer Erklärungsversuch geht davon aus, dass Fremdmedien (z. B. Öl) in den Brennraum gelangen, welche eine kürzere Zündverzugzeit aufweisen als übliche Kohlenwasserstoff-Bestandteile im Ottokraftstoff und damit das Reaktionsniveau entsprechend herabsetzen. Die Vielfalt des Phänomens ist stark motorabhängig und lässt sich kaum auf eine allgemeine Ursache zurückführen.

Drehmoment, Leistung und Verbrauch

Drehmomente am Antriebsstrang
Die von einem Ottomotor abgegebene Leistung P wird durch das verfügbare Kupplungsmoment M_k und die Motordrehzahl n bestimmt. Das an der Kupplung verfügbare Moment (Bild 13) ergibt sich aus dem durch den Verbrennungsprozess erzeugten Drehmoment, abzüglich der Ladungswechselverluste, der Reibung und dem Anteil zum Betrieb der Nebenaggregate. Das Antriebsmoment ergibt sich aus dem Kupplungsmoment abzüglich der an der Kupplung und im Getriebe auftretenden Verluste.

Das aus dem Verbrennungsprozess erzeugte Drehmoment wird im Arbeitstakt (Verbrennung und Expansion) erzeugt und ist bei Ottomotoren hauptsächlich abhängig von:
- der Luftmasse, die nach dem Schließen der Einlassventile für die Verbrennung zur Verfügung steht – bei homogenen Brennverfahren ist die Luft die Führungsgröße,
- die Kraftstoffmasse im Zylinder – bei geschichteten Brennverfahren ist die Kraftstoffmasse die Führungsgröße,
- dem Zündzeitpunkt, zu welchem der Zündfunke die Entflammung und Verbrennung des Luft-Kraftstoff-Gemisches einleitet.

Definition von Kenngrößen
Das instationäre innere Drehmoment M_i im Verbrennungsmotor ergibt sich aus dem Produkt von resultierender tangentialer Kraft F_T und Hebelarm r an der Kurbelwelle:

$$M_i = F_T r. \qquad (4)$$

Die am Kurbelradius r wirkende Tangentialkraft F_T (Bild 14) resultiert aus der Kolbenkraft des Zylinders F_z, dem Kurbelwinkel φ und dem Pleuelschwenkwinkel β zu:

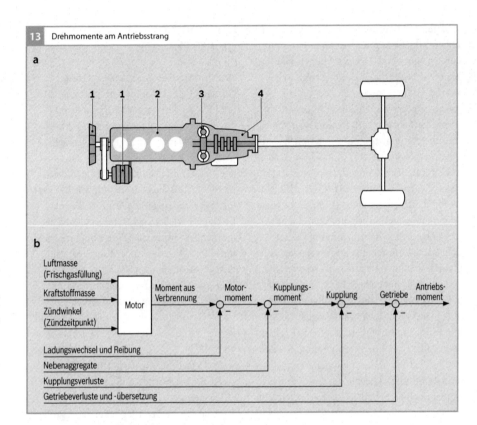

13 Drehmomente am Antriebsstrang

a

b

Luftmasse
(Frischgasfüllung)

Kraftstoffmasse

Zündwinkel
(Zündzeitpunkt)

Motor

Moment aus
Verbrennung

Motor-
moment

Kupplungs-
moment

Kupplung

Getriebe

Antriebs-
moment

Ladungswechsel und Reibung

Nebenaggregate

Kupplungsverluste

Getriebeverluste und -übersetzung

Bild 13
a schematische An-
   ordnung der Kom-
   ponenten
b Drehmomente am
   Antriebsstrang

1 Nebenaggregate
   (Generator, Klima-
   kompressor usw.)
2 Motor
3 Kupplung
4 Getriebe

---

14 Kräfte an Pleuel und Kurbelwelle

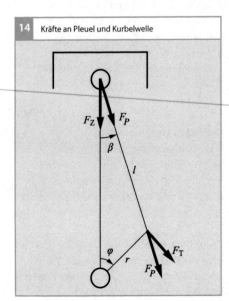

Bild 14
l Pleuellänge
r Kurbelradius
φ Kurbelwinkel
β Pleuelschwenk-
   winkel
F_Z Kolbenkraft
F_p Pleuelstangenkraft
F_T Tagentialkraft

$$F_T = F_z \frac{\sin(\varphi + \beta)}{\cos\beta}. \tag{5}$$

Mit

$$r\sin\varphi = l\sin\beta \tag{6}$$

und der Einführung des Schubstangenver-
hältnisses λ_l

$$\lambda_l = \frac{r}{l} \tag{7}$$

ergibt sich für die Tangentialkraft:

$$F_T = F_z \left(\sin\varphi + \lambda_l \frac{\sin\varphi \cos\varphi}{\sqrt{1-\lambda_l^2 \sin^2\varphi}}\right). \tag{8}$$

Die Kolbenkraft F_z ist ihrerseits bestimmt
durch das Produkt aus der lichten Kolbenflä-

che A, die sich aus dem Kolbenradius r_K zu

$$A_K = r_K^2 \pi \qquad (9)$$

ergibt und dem Differenzdruck am Kolben, welcher durch den Brennraumdruck p_Z und dem Druck p_K im Kurbelgehäuse gegeben ist:

$$F_Z = A_K(p_Z - p_K) = r_K^2 \pi (p_Z - p_K). \qquad (10)$$

Für das instationäre innere Drehmoment M_i ergibt sich schließlich in Abhängigkeit der Stellung der Kurbelwelle:

$$M_i = r_K^2 \pi (p_Z - p_K)$$
$$\left(\sin \varphi + \lambda_l \frac{\sin \varphi \cos \varphi}{\sqrt{1 - \lambda_l^2 \sin^2 \varphi}} \right) r.$$
$$(11)$$

Für die Hubfunktion s, welche die Bewegung des Kolbens bei einem nicht geschränktem Kurbeltrieb beschreibt, folgt aus der Beziehung

$$s = r(1 - \cos \varphi) + l(1 - \cos \beta) \qquad (12)$$

der Ausdruck:

$$s = \left(1 + \frac{1}{\lambda_l} - \cos \varphi - \sqrt{\frac{1}{\lambda_l^2} - \sin^2 \varphi} \right) r. \qquad (13)$$

Damit ist die augenblickliche Stellung des Kolbens durch den Kurbelwinkel φ, durch den Kurbelradius r und durch das Schubstangenverhältnis λ_l beschrieben. Das momentane Zylindervolumen V ergibt sich aus der Summe von Kompressionsendvolumen V_K und dem Volumen, welches sich über die Kolbenbewegung s mit der lichten Kolbenfläche A_K ergibt:

$$V = V_K + A_K s = V_K +$$
$$r_K^2 \pi \left(1 + \frac{1}{\lambda_l} - \cos \varphi - \sqrt{\frac{1}{\lambda_l^2} - \sin^2 \varphi} \right) r. \qquad (14)$$

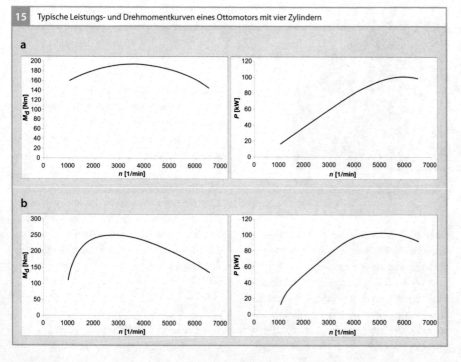

15 Typische Leistungs- und Drehmomentkurven eines Ottomotors mit vier Zylindern

Bild 15
a 1,9 l Hubraum ohne Aufladung
b 1,4 l Hubraum mit Aufladung
n Drehzahl
M_d Drehmoment
P Leistung

16 Verbrauchskennfeld eines Ottomotors ohne Aufladung

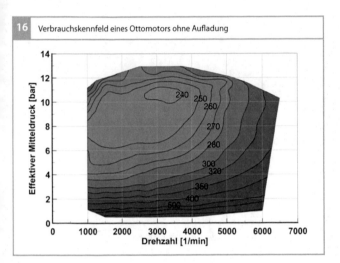

Bild 16
Die Zahlen geben den
Wert für b_e in g/kWh an.

17 Verbrauchskennfeld eines aufgeladenen Ottomotors

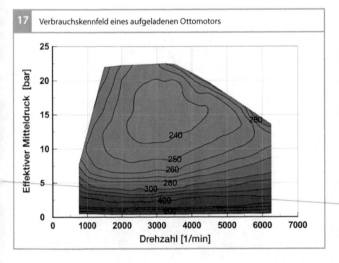

Bild 17
Die Zahlen geben
den spezifischen Kraft-
stoffverbrauch b_e
in g/kWh an.

Das effektive Drehmoment an der Kurbelwelle M_d entspricht der inneren technischen
Arbeit abzüglich aller Reibungs- und Aggre-
gateverluste. Üblicherweise erfolgt die Auslegung des maximalen Drehmomentes für
niedrige Drehzahlen ($n \approx 2\,000$ min^{-1}), da in
diesem Bereich der höchste Wirkungsgrad
des Motors erreicht wird.

Die innere technische Arbeit W_i kann direkt aus dem Druck im Zylinder und der Vo-
lumenänderung während eines Arbeitsspiels
in Abhängigkeit der Taktzahl n_T berechnet
werden:

$$W_i = \int_{0°}^{\varphi_T} p \frac{dV}{d\varphi} d\varphi, \tag{15}$$

wobei

$$\varphi_T = n_T \cdot 180° \tag{16}$$

beträgt.

Unter Verwendung des an der Kurbelwelle
des Motors abgegebenen Drehmomentes M_d
und der Taktzahl n_T ergibt sich für die effektive Arbeit:

$$W_e = 2\pi \frac{n_T}{2} M_d. \tag{17}$$

Die auftretenden Verluste durch Reibung
und Nebenaggregate können als Differenz
zwischen der inneren Arbeit W_i und der effektiven Nutzarbeit W_e als Reibarbeit W_R angegeben werden:

$$W_R = W_i - W_e. \tag{18}$$

Eine Drehmomentgröße, die das Vergleichen
der Last unterschiedlicher Motoren erlaubt,
ist die spezifische effektive Arbeit w_e, welche
die effektive Arbeit W_e auf das Hubvolumen
des Motors bezieht:

$$w_e = \frac{W_e}{V_H}. \tag{19}$$

Da es sich bei dieser Größe um den Quoti-
enten aus Arbeit und Volumen handelt, wird

Das am Kurbeltrieb erzeugte Drehmoment
kann in Abhängigkeit des Fahrerwunsches
durch Einstellen von Qualität und Quantität
des Luft-Kraftstoff-Gemisches sowie des
Zündwinkels geregelt werden. Das maximal
erreichbare Drehmoment wird durch die
maximale Füllung und die Konstruktion des
Kurbeltriebs und Zylinderkopfes begrenzt.

diese oft als effektiver Mitteldruck p_{me} bezeichnet.

Die effektiv vom Motor abgegebene Leistung P resultiert aus dem erreichten Drehmoment M_d und der Motordrehzahl n zu:

$$P = 2\pi M_d n. \tag{20}$$

Die Motorleistung steigt bis zur Nenndrehzahl. Bei höheren Drehzahlen nimmt die Leistung wieder ab, da in diesem Bereich das Drehmoment stark abfällt.

Verläufe

Typische Leistungs- und Drehmomentkurven je eines Motors ohne und mit Aufladung, beide mit einer Leistung von 100 kW, werden in **Bild 15** dargestellt.

Spezifischer Kraftstoffverbrauch

Der spezifische Kraftstoffverbrauch b_e stellt den Zusammenhang zwischen dem Kraftstoffaufwand und der abgegebenen Leistung des Motors dar. Er entspricht damit der Kraftstoffmenge pro erbrachte Arbeitseinheit und wird in g/kWh angegeben. Die **Bilder 16** und **17** zeigen typische Werte des spezifischen Kraftstoffverbrauchs im homogenen, fremdgezündeten Betriebskennfeld eines Ottomotors ohne und mit Aufladung.

Zündung

Der Ottomotor ist ein Verbrennungsmotor mit Fremdzündung. Die Zündung hat die Aufgabe, das verdichtete Luft-Kraftstoff-Gemisch im richtigen Zeitpunkt zu entflammen. Eine sichere Zündung ist Voraussetzung für den einwandfreien Betrieb des Motors. Dazu muss das Zündsystem auf die Anforderungen des Motors ausgelegt sein. Unter den zahlreichen unterschiedlichen Lösungsansätzen für ein Zündsystem haben sich bisher weltweit nur zwei Zündsysteme in größerem Umfang verbreitet. Das sind einerseits die Magnetzündung und andererseits die Batteriezündung. Beiden gemeinsam ist die Erzeugung eines elektrischen Funkens zwischen den Elektroden einer Zündkerze im Brennraum zur Entflammung des Luft-Kraftstoff-Gemisches.

Magnetzündung

In den Anfangszeiten des Automobils stand mit dem Niederspannungsmagnetzünder von Bosch eine erste für damalige Verhältnisse zuverlässige Zündanlage zur Verfügung. Der Funke (Abreißfunke) entstand, indem ein Stromfluss durch Abreißkontakte im Brennraum unterbrochen wurde. Aus der Niederspannungsmagnetzündung mit Abreißgestänge wurde schließlich die Hochspannungsmagnetzündung entwickelt, die auch für Motoren mit höheren Drehzahlen geeignet war. Gleichzeitig mit der Hochspannungsmagnetzündung wurde 1902 auch die Zündkerze eingeführt, die die mechanisch gesteuerten Abreißkontakte ersetzte.

Das Prinzip des Hochspannungsmagnetzünders wird bis heute verwendet. Bei den Magnetzündern neuerer Bauart unterscheidet man Ausführungen mit feststehendem Magnet und umlaufendem Anker und Ausführungen mit feststehendem Anker und umlaufendem Magnet. In beiden Fällen wird Bewegungsenergie durch magnetische Induktion in elektrische Energie in einer Primärwicklung umgesetzt, die durch eine Sekundärwicklung in eine hohe Spannung transformiert wird. Im Zündzeitpunkt wird der Zündfunke durch Unterbrechung des Stroms in der Primärwicklung ausgelöst. Für den Einsatz bei Motoren mit mehreren Zylindern kann ein mechanischer Zündverteiler mit umlaufendem Verteilerfinger in den Magnetzünder integriert werden.

Da ein Magnetzünder keine Spannungsversorgung benötigt, wird er überall dort eingesetzt, wo überhaupt kein Bordnetz vorhanden ist oder kein belastbares Bordnetz zur Verfügung steht. Bei Arbeitsgeräten wie z. B. Rasenmäher oder Kettensäge und bei Zweirädern werden Magnetzünder oft in Verbindung mit einer kapazitiven Zwischenspeicherung der Zündenergie eingesetzt.

Batteriezündung

Mit der Elektrifizierung des Kraftfahrzeugs (für Licht und Starter) stand schon früh eine Spannungsversorgung zur Verfügung. Dies führte zur Entwicklung der kostengünstigen Spulenzündung (SZ) mit einer Batterie als Spannungsquelle und einer Zündspule als Energiespeicher. Der Spulenstrom wurde über einen Unterbrecherkontakt mit festem Schließwinkel geschaltet, weshalb der Spulenstrom mit steigender Drehzahl stetig sank. Die Zündwinkel wurden über der Drehzahl mit einem Fliehkraftsteller und über der Last mit einer Unterdruckdose verstellt. Die Verteilung der Hochspannung von der Zündspule zu den einzelnen Zylindern erfolgte mechanisch durch einen Zündverteiler.

Transistorzündung

Im Laufe der Weiterentwicklung wurde zunächst der Spulenstrom durch einen Leistungstransistor geschaltet. Damit wurden Zündauslegungen mit höheren Strömen und höheren Energien möglich. Der Unterbrecherkontakt diente dabei als Steuerelement für ein Zündschaltgerät und wurde nur noch mit dem niedrigen Steuerstrom belastet. Dadurch wurden der Kontaktabbrand und die damit einhergehenden Zündzeitpunktverschiebungen reduziert. In weiteren Entwicklungsschritten wurde der Unterbrecherkontakt durch Hall- oder Induktionsgeber ersetzt. Das Zündschaltgerät der Transistorzündung (TZ) enthielt bereits einfache analog gesteuerte Funktionalitäten wie eine Primärstrombegrenzung und eine Schließwinkelregelung, wodurch der Nennwert des Primärstroms in einem weiten Drehzahlbereich eingehalten werden konnte.

Elektronische Zündung

Den nächsten Entwicklungsschritt bildete die elektronische Zündung (EZ), bei der die Zündwinkel über Drehzahl und Last in einem Kennfeld eines Zündsteuergeräts gespeichert waren. Neben der besseren Reproduzierbarkeit der Zündwinkel war es auch möglich, weitere Eingangsgrößen wie z. B. die Motortemperatur für die Zündwinkelbestimmung zu berücksichtigen. Nach und nach wurde die Zündauslösung mit Hallgebern im Zündverteiler durch Auslösesysteme an der Kurbelwelle abgelöst, was durch den Entfall des Antriebsspiels der Zündverteiler zu einer höheren Zündwinkelgenauigkeit führte.

Vollelektronische Zündung

Im letzten Entwicklungsschritt der eigenständigen Zündsteuergeräte ist mit der vollelektronischen Zündung (VZ) auch noch der mechanische Zündverteiler entfallen. Bei der verteilerlosen Zündung sind Systeme mit einer Zündspule pro Zylinder am häufigsten verbreitet. Unter bestimmten Randbedingungen können auch Systeme mit jeweils einer Zweifunkenzündspule für ein Zylinderpaar eingesetzt werden. Seit 1998 werden nur noch Motorsteuerungen eingesetzt, die eine vollelektronische Zündung beinhalten.

Tabelle 1 zeigt die Entwicklung der induktiven Zündsysteme. Dabei werden mechanische Funktionen sukzessive durch elektrische und elektronische Funktionen ersetzt.

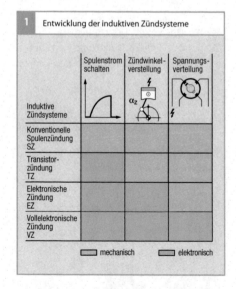

1   Entwicklung der induktiven Zündsysteme

Induktive Zündsysteme	Spulenstrom schalten	Zündwinkelverstellung	Spannungsverteilung
Konventionelle Spulenzündung SZ			
Transistorzündung TZ			
Elektronische Zündung EZ			
Vollelektronische Zündung VZ			

☐ mechanisch   ☐ elektronisch

Tab. 1

Induktive Zündanlage

Die Zündung des Luft-Kraftstoff-Gemischs im Ottomotor erfolgt bei der Spulenzündung durch einen Funken zwischen den Elektroden einer Zündkerze. Die in dem Funken umgesetzte Energie der Zündspule entzündet ein kleines Volumen des verdichteten Luft-Kraftstoff-Gemischs. Die von diesem Flammkern ausgehende Flammenfront bewirkt die Entflammung des Luft-Kraftstoff-Gemisches im gesamten Brennraum. Die induktive Zündanlage erzeugt für jeden Arbeitstakt die für den Funkenüberschlag notwendige Hochspannung und die für die Entflammung notwendige Brenndauer des Funkens.

Aufbau

Eine typische verteilerlose Spulenzündung hat für jeden Zylinder einen eigenen Zündkreis (**Bild 1**). Die wichtigsten Komponenten sind:

- Zündspule
  Die Zündspule ist die zentrale Komponente der induktiven Zündung. Sie besteht aus einer Primärwicklung mit einer niedrigen Windungszahl und einer Sekundärwicklung mit einer hohen Windungszahl. Das Verhältnis der Windungszahlen von Sekundärwicklung und Primärwicklung bezeichnet man als Übersetzungsverhältnis. Beide Wicklungen sind über einen gemeinsamen Magnetkreis miteinander gekoppelt. Die Zündspule erzeugt die Zündhochspannung und liefert die Energie für die Brenndauer des Funkens an der Zündkerze.

- Zündungsendstufe
  Die Zündungsendstufe steuert die Zündspule und hat die Hauptfunktion eines elektrischen Leistungsschalters. Zusammen mit der Primärwicklung der Zündspule und der Batterie bildet sie den Primärkreis der Spulenzündung. Die Zündungsendstufe ist entweder im Motorsteuergerät oder in der Zündspule integriert.

- Zündkerze
  Die Zündkerze ist die physikalische Schnittstelle zwischen Brennraum und Umgebung. Zusammen mit der Sekundärwicklung der Zündspule bildet sie den Sekundärkreis der Zündanlage. Die Zündkerze setzt die Energie der Zündspule in einer Funkenentladung im Brennraum um.

Die notwendigen Verbindungs- und Entstörmittel werden an dieser Stelle als gegeben vorausgesetzt und nicht gesondert betrachtet.

Aufgabe und Arbeitsweise

Aufgabe der Zündung ist die Einleitung der Verbrennung des verdichteten Luft-Kraftstoff-Gemischs im Brennraum mit einem Funken. Zur Erzeugung eines Funkens wird zunächst elektrische Energie aus dem Bordnetz in der Zündspule zwischengespeichert.

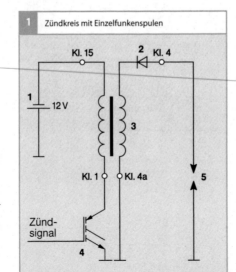

1   Zündkreis mit Einzelfunkenspulen

Kl. 15   2 Kl. 4
1   12 V
3
Kl. 1   Kl. 4a   5
Zündsignal
4

Bild 1
1 Batterie
2 Diode zur Unterdrückung der Einschaltspannung
3 Zündspule mit Eisenkern, Primärund Sekundärwicklung
4 Zündungsendstufe (alternativ im Steuergerät oder in der Zündspule integriert
5 Zündkerze
Kl. 1, Kl. 4, Kl. 4a, Kl. 15 Klemmenbezeichnungen

In einem nächsten Schritt wird die Energie im Zündzeitpunkt auf die Sekundärkapazität C_2 (Bild 2) umgeladen. Die dabei entstehende Hochspannung löst den Funkenüberschlag an der Zündkerze aus. Anschließend wird die noch verbleibende Energie während der Brenndauer des Funkens entladen.

Energiespeicherung
Sobald die Zündungsendstufe einschaltet, wird der Primärkreis geschlossen und der Primärstrom beginnt zu fließen. Dabei wird in der Primärwicklung ein Magnetfeld aufgebaut, in dem Energie gespeichert wird. Die Höhe der gespeicherten Energie wird von der Primärinduktivität L_1 und der Höhe des Primärstroms i_1 entsprechend

$$E_1 = \frac{1}{2} L_1 i_1^{\,2}$$

bestimmt. Die Primärinduktivität hängt von der Windungszahl der Primärwicklung ab. Durch einen Eisenkreis zur Führung des magnetischen Flusses wird die wirksame Induktivität erhöht. Der Eisenkreis wird für einen bestimmten Primärstrom, den Nennstrom dimensioniert. Bei höheren Strömen steigt die gespeicherte Energie durch die magnetische Sättigung des Eisenkreises nur noch geringfügig. Daher sollte der Nennwert des Primärstroms möglichst nicht überschritten werden. Die Dauer, während die Endstufe eingeschaltet ist und der Primärstrom fließt, nennt man Schließzeit.

Schließzeit und Primärstrom
Neben der Auslegung der Zündspule hat die Versorgungsspannung einen großen Einfluss auf den Primärstromverlauf (Bild 3). Um auch bei wechselnder Versorgungsspannung einerseits ausreichend Zündenergie bereitzustellen und andererseits die Zündungskomponenten nicht zu überlasten, muss die Batteriespannung bei der Bestimmung der Schließzeit berücksichtigt werden. Bei einem

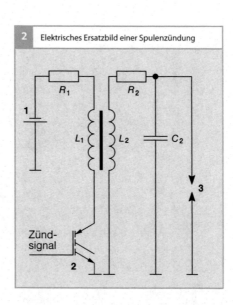

2 Elektrisches Ersatzbild einer Spulenzündung

R_1 R_2
1
L_1 L_2 C_2
3
Zündsignal
2

Bild 2
1 Batterie
2 Zündungsendstufe
3 Zündkerze
R_1 Widerstand der Primärseite (Spule und Kabel)
L_1 Primärinduktivität der Zündspule
R_2 Widerstand der Sekundärseite (Spule und Kabel)
L_2 Sekundärinduktivität der Zündspule
C_2 Kapazität der Sekundärseite (Zündspule, Kabel, Zündkerze)

Batteriespannungsbereich von 6–16 V sind alle vorkommenden Fälle vom Kaltstart mit geschwächter Batterie bis hin zur Starthilfe mit externer Versorgung abgedeckt. Ziel der Schließzeitbestimmung ist die Einhaltung des Nennstroms. Dies ist bei niedrigen Batteriespannungen dann nicht sichergestellt, wenn der maximal mögliche Strom durch den Gesamtwiderstand des Primärkreises unterhalb des Nennstroms begrenzt wird. In diesem Fall nimmt man für die Schließzeit einen sinnvollen Ersatzwert, z. B. die Ladezeit, bei der 90 % bis 95 % des Stromendwerts erreicht werden. Die Zündanlage muss so ausgelegt sein, dass die Funktion auch bei reduzierter Batteriespannung gewährleistet ist und ein Kaltstart erfolgen kann.

Da die Widerstände der Zuleitungen in der gleichen Größenordnung liegen wie der Widerstand der Primärwicklung, sollte bei den Zuleitungen auf ausreichende Querschnitte geachtet werden, um unnötige Leistungsverluste zu vermeiden. Ebenso ist darauf zu achten, dass die Zuleitungen zu den einzelnen Zylindern nur geringe Unterschiede bezüglich Länge und Widerstand aufweisen.

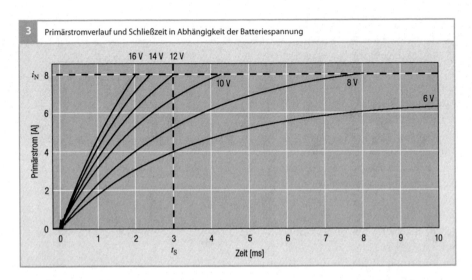

3   Primärstromverlauf und Schließzeit in Abhängigkeit der Batteriespannung

Bild 3
i_N Nennstrom
t_S Schließzeit

Bei Einsatztemperaturen der Zündspulen zwischen $-30\,°C$ und über $100\,°C$ verändern sich die Spulenwiderstände durch den Temperaturgang der Kupferwicklungen so stark, dass die Auswirkungen auf den Primärstrom berücksichtigt werden sollten. Da die Spulentemperatur nicht direkt verfügbar ist, kann mit Ersatzgrößen wie Kühlmittel- oder Öltemperatur zumindest bei betriebswarmem Motor und betriebswarmer Zündspule eine sinnvolle Korrektur der Schließzeit erreicht werden.

Durch den Betrieb erwärmen sich Zündspule und Zündungsendstufe, die Verlustleistung steigt mit der Drehzahl. Bei hohen Drehzahlen und besonders bei gleichzeitig hohen Umgebungstemperaturen kann es notwendig werden, die Primärströme zum Schutz der Zündungskomponenten durch eine kürzere Schließzeit zu begrenzen.

Erzeugung der Hochspannung

Das durch den Primärstrom erzeugte Magnetfeld in der Primärwicklung verursacht einen magnetischen Fluss, der bis auf einen kleinen Anteil, den Streufluss, im Magnetkreis der Zündspule geführt wird. Im Zündzeitpunkt wird der Strom durch die Primärwicklung unterbrochen, was eine rasche Flussänderung zur Folge hat. Da Primär- und Sekundärwicklung über den gemeinsamen Magnetkreis miteinander gekoppelt sind, wird in beiden Wicklungen eine Spannung induziert. Die Höhe der Spannungen hängt nach dem Induktionsgesetz von der Windungszahl und der Änderungsgeschwindigkeit des magnetischen Flusses ab. In der Sekundärwicklung mit der hohen Windungszahl entsteht so die hohe Sekundärspannung. Solange kein Funkenüberschlag erfolgt, steigt die Hochspannung mit einer Anstiegsrate von ca. $1\,kV/\mu s$ bis auf die Leerlaufspannung der Zündspule an, um dann stark gedämpft auszuschwingen (**Bild 4**).

Die maximale Sekundärspannung wird im Labor ohne Zündkerze an einer definierten kapazitiven Last gemessen und als Hochspannungs- oder Sekundärspannungsangebot bezeichnet. Die Lastkapazität entspricht dabei der Belastung durch die Zündkerze und der Hochspannungsverbindung zur Zündkerze.

Zündspannung

Die Hochspannung, bei der der Funke an den Elektroden der Zündkerze durchbricht, wird als Zündspannung bezeichnet. Die Zündspannung hängt einerseits von der Zündkerze insbesondere vom Elektrodenabstand ab, andererseits von den Bedingungen im Brennraum, insbesondere von der Luft-Kraftstoff-Gemischdichte zum Zündzeitpunkt. Die maximale Zündspannung über alle Betriebspunkte bezeichnet man als Zündspannungsbedarf des Motors. Abhängig vom Elektrodenabstand, dem Verschleißzustand der Zündkerzenelektroden sowie vom Brennverfahren können Zündspannungen bis deutlich über 30 kV auftreten.

Einschaltspannung

Bereits beim Einschalten des Primärstroms wird in der Sekundärwicklung eine unerwünschte Spannung von 1–2 kV induziert, deren Polarität der Zündspannung entgegengerichtet ist. Der Einschaltzeitpunkt liegt abhängig von der Motordrehzahl und der Ladezeit der Zündspule deutlich vor dem Zündzeitpunkt. Ein Funkenüberschlag an der Zündkerze muss vermieden werden. Dies kann z. B. mit einer Diode im Sekundärkreis der Zündanlage erreicht werden. Eine solche Diode heißt Diode zur Einschaltfunkenunterdrückung oder EFU-Diode.

Funkenentladung

Sobald die Zündspannung U_z an der Zündkerze überschritten wird, entsteht der Zündfunke (**Bild 5**). Die nachfolgende Funkenentladung kann in drei Phasen eingeteilt werden, den Durchbruch, die Bogenphase und die Glimmphase [2]. Die ersten beiden Phasen sind Entladungen sehr kurzer Dauer mit hohen Strömen, die aus den Entladungen der Kapazitäten C_2 (**Bild 2**) von Zünd-

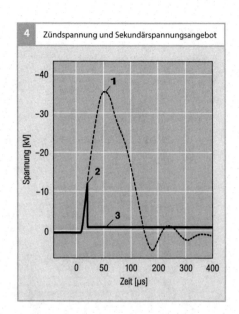

4 Zündspannung und Sekundärspannungsangebot

Bild 4
1 Sekundärspannungsangebot (bei einem Aussetzer)
2 Zündspannung (für einen Funken)
3 Brennspannung

kerze und Zündkreis resultieren und einen Teil der Spulenenergie umsetzen. In der anschließenden Glimmphase wird die noch verbleibende Energie während der Funkendauer t_F umgesetzt (**Bild 5**). Der Funkenstrom beginnt dabei mit dem Anfangsfunkenstrom i_F und fällt dann stetig. An den Elektroden der Zündkerze liegt während der Glimmphase die Brennspannung U_F an. Sie liegt im Bereich von wenigen hundert Volt bis deutlich über 1 kV. Die Brennspannung hängt von der Länge des Funkenplasmas ab und wird wesentlich vom Elektrodenabstand der Zündkerze und der Auslenkung des Funkens durch Luft-Kraftstoff-Gemischbewegung bestimmt. Unterhalb eines bestimmten Funkenstroms erlischt der Funke und die Spannung an der Zündkerze schwingt gedämpft aus.

Funkenenergie

Als Funkenenergie wird üblicherweise die Energie der Glimmentladung bezeichnet. Sie ist das Integral aus dem Produkt von Brennspannung und Funkenstrom über der Fun-

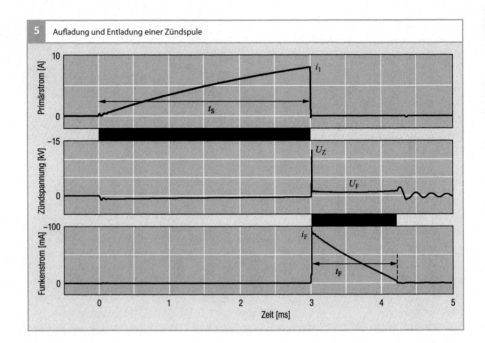

5   Aufladung und Entladung einer Zündspule

Bild 5
i_1 Abschaltstrom
t_S Schließzeit
U_Z Zündspannung
U_F Brennspannung
i_F Funkenanfangs-
      strom
t_F Funkendauer

kendauer. Vereinfacht kann der Zusammenhang nach Bild 5 durch

$$E_F = \frac{1}{2} U_F\, i_F\, t_F$$

beschrieben werden. Bei genauerer Betrachtung gilt die zuvor beschriebene Bestimmung der Funkenenergie aber nur für sehr niedrige Zündspannungen [1].

Energiebilanz
Bei höheren Zündspannungen können die zuvor beschriebenen kapazitiven Entladungen (Durchbruch- und Bogenphase) nicht mehr vernachlässigt werden. Die notwendige Energie zum Aufladen der Kapazitäten auf der Sekundärseite steigt quadratisch mit der Zündspannung entsprechend (siehe auch Bild 2)

$$E_Z = \frac{1}{2} C_2\, U_Z^2.$$

Im Funkenüberschlag wird diese Energie als kapazitive Entladung im sogenannten Funkenkopf freigesetzt. Zusammen mit der Energie der induktiven Nachentladung erhält man die gesamte auf der Hochspannungsseite umgesetzten Energie. Stellt man die beiden Energieanteile über der Zündspannung dar, sieht man, dass der Energieanteil der kapazitiven Entladung mit steigender Zündspannung steigt und der Energieanteil der induktiven Nachentladung fällt. Die induktive Nachentladung erfolgt während der Funkendauer t_F durch den Funkenstrom im Sekundärkreis, der mit einem Anfangsfunkenstrom i_F beginnt und dann stetig sinkt. Mit geringer werdendem Energieanteil der induktiven Nachentladung sinken sowohl der Anfangsfunkenstrom als auch die Funkendauer. Wenn man von der induktiven Nachentladung die ohmschen Verluste abzieht, erhält man die Energie der Glimmentladung (**Bild 6**).

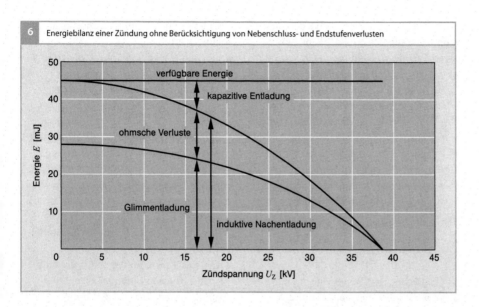

6 Energiebilanz einer Zündung ohne Berücksichtigung von Nebenschluss- und Endstufenverlusten

Energieverluste

Nach dem Funkenüberschlag wird ein Teil der verbleibenden Energie der induktiven Nachentladung in den Widerständen des Sekundärkreises der Zündanlage in Wärme umgesetzt. Die größten Verluste treten bei niedrigen Zündspannungen und damit hohen Anfangsfunkenströmen und langen Funkendauern auf (**Bild 6**).

Bereits vor dem Funkenüberschlag können Nebenschlusswiderstände den Aufbau der Hochspannung behindern. Nebenschlüsse können durch Verschmutzung und Feuchte der Hochspannungsverbindungen, vor allem aber durch leitfähige Ablagerungen und Ruß an der Isolatorspitze der Zündkerze im Brennraum verursacht werden. Die Höhe der Nebenschlussverluste steigt mit dem Zündspannungsbedarf. Je höher die an der Zündkerze anliegende Spannung, desto größer sind die über die Nebenschlusswiderstände abfließenden Ströme.

Luft-Kraftstoff-Gemischentflammung und Zündenergiebedarf

Zum Zündzeitpunkt entsteht der Funke an der Zündkerze. Der Zündzeitpunkt wird von der Motorsteuerung in Abhängigkeit von dem Brennverfahren, der Betriebsart und dem Betriebspunkt angefordert und an dieser Stelle nicht weiter vertieft.

Der elektrische Funke entflammt das Luft-Kraftstoff-Gemisch zwischen den Elektroden der Zündkerze durch ein Hochtemperaturplasma. Der entstehende Flammkern entwickelt sich bei zündfähigen Luft-Kraftstoff-Gemischen an der Zündkerze, und bei ausreichender Energiezufuhr durch die Zündanlage zu einer sich selbstständig ausbreitenden Flammenfront. Größere Funkenlängen begünstigen die Flammkernbildung. Durch einen größeren Elektrodenabstand oder eine Auslenkung des Funkens durch Luft-Kraftstoff-Gemischbewegung erhöht sich aber auch der Zündenergiebedarf. Bei zu starker Auslenkung kann ein Funkenabriss erfolgen und ein Nachzünden notwendig sein. In solchen Fällen bietet eine induktive Zündanlage den Systemvorteil, dass ein

Nachzünden ohne zusätzlichen Steuerungs-
eingriff automatisch erfolgt, solange ausreichend Energie im Zündsystem gespeichert
ist.

Die gesamte Energie muss den maximalen
Zündspannungsbedarf decken, die notwendige Funkendauer bei hoher Zündspannung
bereitstellen und gegebenenfalls eine Anzahl
an Folgefunken zünden. Einfache Motoren
mit Saugrohreinspritzung benötigen Zünd-
energien zwischen 30 und 50 mJ, aufgeladene Motoren bis deutlich über 100 mJ.

Zündspulen

Die Zündspule als Komponente der induktiven Zündanlage erzeugt aus der niedrigen
Batteriespannung die Hochspannung, die
für den Funkenüberschlag an der Zündkerze
erforderlich ist. Die Funktion der Zündspule
beruht auf der elektromagnetischen Induktion: Die im Magnetfeld der Primärwicklung
gespeicherte Energie wird durch magnetische Induktion auf die Sekundärseite der
Zündspule übertragen.

Aufgabe

Die zum Zünden des Luft-Kraftstoff-Gemischs erforderliche Hochspannung und
Zündenergie muss vor dem Funkenüberschlag aufgebaut und gespeichert werden.
Die Zündspule ist sowohl Transformator als
auch Energiespeicher. Sie speichert die magnetische Energie in dem vom Primärstrom
aufgebauten Magnetfeld und setzt die Energie beim Abschalten des Primärstroms zum
Zündzeitpunkt frei.

Die Zündspule muss genau auf die übrigen Komponenten (Zündungsendstufe,
Zündkerze) des Zündsystems abgestimmt
sein. Wichtige Kenngrößen sind:
- Die für die Zündkerze zur Verfügung stehende Funkenenergie E_F,
- der zum Zeitpunkt des Funkenüber-

schlags an der Zündkerze eingeprägte
Funkenstrom i_F,
- die Brenndauer des Funkens an der Zündkerze t_F,
- eine für alle Betriebsbedingungen genügend hohe Zündspannung U_Z.

Bei der Auslegung des Zündsystems sind
einerseits die Wechselwirkungen der einzelnen Parameter des Systems mit der Zündungsendstufe, der Zündspule und der
Zündkerze zu beachten, andererseits die Anforderungen des jeweiligen Motorkonzepts.
Das soll an folgenden Beispielen erläutert
werden:
- Um eine sichere Entflammung des Luft-
Kraftstoff-Gemischs unter allen Bedingungen zu gewährleisten, benötigen Motoren mit Abgasturboaufladung höhere
Funkenenergien als Motoren mit Saugrohreinspritzung. Den höchsten Ener-
giebedarf mit generell höheren Zündspannungen haben dabei Motoren mit
Benzin-Direkteinspritzung und Abgasturboaufladung.
- Zur richtigen Auslegung des Arbeits-
punkts für den Primärstrom müssen die
Zündungsendstufe und die Zündspule
aufeinander abgestimmt sein. Die Auslegung der Sekundärwicklung bestimmt
den Funkenstrom, der bei Edelmetall-
Zündkerzen einen geringeren Einfluss auf
die Lebensdauer der Zündkerze hat.
- Die Verbindung zwischen Zündspule und
Zündkerze muss unter allen Bedingungen
(Spannung, Temperatur, Vibration, Medi-
enbeständigkeit) funktionssicher ausgeführt sein.

Anforderungen

Der Schadstoffausstoß von Verbrennungsmotoren wird durch die Forderungen der
Abgasgesetzgebung begrenzt. Zündaussetzer
und unvollständige Luft-Kraftstoff-Gemisch-

7   Haupttypen der Bosch-Zündspulen

Bild 7
1 Einzelfunken-Zünd-
  spule (Stabzünd-
  spule)
2 Einzelfunken-Zünd-
  spule (Kompakt-
  zündspule)
3 Zweifunken-Zünd-
  spule mit zwei
  Magnetkreisen
4 Modul mit zwei
  Einzelfunken-
  Zündspulen

verbrennungen, die einen Anstieg der HC-
Emissionen verursachen, müssen vermieden
werden. Eine Voraussetzung dafür ist, dass
die Zündspule über die gesamte Lebensdauer eine hinreichend große Zündenergie
bereitstellt. Neben diesen Anforderungen
müssen auch die geometrischen und konstruktiven Gegebenheiten des Motors berücksichtigt werden.

Eine Zündspule (Bild 7) ist eine elektrisch,
mechanisch und chemisch hoch beanspruch-
te Komponente im Fahrzeug, die wartungs-
und störungsfrei über die gesamte Fahrzeug-
lebensdauer ihre Funktion erfüllen muss.
Abhängig von der Einbausituation im Fahrzeug – häufig erfolgt ein Direkteinbau im
Zylinderkopf – sind folgende Einsatz- und
Betriebsbedingungen für heutige Zündspulen maßgebend:
- Einsatztemperaturbereich von
  −40...+150 °C, teilweise über diese Grenzen hinaus,
- Sekundärspannung bis über 30 000 V,
- Primärstrom zwischen 7 und 15 A,

- dynamische Schüttelbeanspruchung bis
  50 g,
- dauerhafte Beständigkeit gegen unterschiedliche Medien (Benzin, Öl, Brems-
  flüssigkeit usw.).

Aufbau und Arbeitsweise
Aufbau
Primär- und Sekundärwicklungen
Die Zündspule (Bild 8a–c) arbeitet nach
dem Prinzip eines Transformators. Dem gemeinsamen Eisenkern sind zwei Wicklungen
zugeordnet. Die Primärwicklung besteht aus
dickem Draht mit geringer Windungszahl.
Ein Ende der Wicklung ist über den Zünd-
schalter mit dem Pluspol der Batterie (Klemme 15) verbunden. Das andere Ende (Klemme 1) ist an die Zündungsendstufe angeschlossen, welche den Primärstrom schaltet.
In frühen Systemen wurde der Primärstrom
noch mit mechanischen Unterbrecherkon-
takten geschaltet, diese haben heute keine
Bedeutung mehr. Die Sekundärwicklung
besteht aus dünnem Draht mit hoher Win-

dungszahl. Das Übersetzungsverhältnis liegt zwischen 1:50 und 1:150.

Bei der Sparschaltung (**Bild 8**, Schaltung a) sind jeweils ein Anschluss der Primär- und der Sekundärwicklung miteinander verbunden und an Klemme 15 geführt. Der andere Anschluss der Primärwicklung ist mit der Zündungsendstufe gekoppelt (Klemme 1). Der zweite Anschluss der Sekundärwicklung (Klemme 4) ist mit dem Zündverteiler oder der Zündkerze verbunden. Bei der Sparschaltung ergeben sich Kostenvorteile für das Zündsystem, allerdings fehlt die galvanische Trennung zwischen den beiden elektrischen Kreisen, sodass Störungen von der Zündspule in das Bordnetz gelangen können.

Die häufigste Bauform ist die Einzelfunken-Zündspule. Sie bildet zusammen mit der Zündkerze eine Einfachzündung (**Bild 8**, Schaltung a und b), die bei jedem Verdichtungshub eines Zylinders einen Zündfunken erzeugt und daher mit dem Arbeitstakt des Motors synchronisiert werden muss. In **Bild 8**, Schaltung b sind die Primär- und die Sekundärwicklung getrennt geschaltet. Ein Anschluss der Sekundärwicklung (Klemme 4a) liegt dabei auf Masse und verbessert damit den Störabstand im Bordnetz des Kraftfahrzeugs.

Die Zündung kann auch als Doppelzündung mit je zwei Zündspulen und Zündkerzen pro Zylinder ausgeführt sein. Das Luft-Kraftstoff-Gemisch wird über zwei Zündkerzen in einem Zylinder entflammt. Vorteile, die sich daraus ergeben, sind:
- eine Reduzierung der Emissionswerte,
- eine geringfügig höhere Leistung,
- zwei Funken an unterschiedlichen Orten im Brennraum,
- gute Notlaufeigenschaften bei Ausfall einer Zündkerze oder einer Zündspule.

Bei der Zweifunken-Zündspule liegen beide Anschlüsse der Sekundärwicklung (Klemme 4a und 4b) an je einer Zündkerze (**Bild 8**, Schaltung c). Die Zweifunken-Zündspule erzeugt für zwei Zündkerzen gleichzeitig eine Zündspannung pro Kurbelwellenumdrehung (d. h. zweimal je Arbeitstakt), dadurch ist keine Synchronisation zum Arbeitstakt des Motors erforderlich. Die Verteilung erfolgt so, dass das Luft-Kraftstoff-Gemisch des einen Zylinders am Ende des Verdichtungstakts gezündet wird und der Zündfunke des anderen Zylinders in die Ventilüberschneidung am Ende des Ausstoßtakts fällt. Zum Zeitpunkt der Ventilüberschneidung herrscht kein Kompressionsdruck im Zylinder und die Überschlagspannung an der Zündkerze ist daher sehr gering. Dieser „Stützfunke" benötigt daher nur eine sehr geringe Zündenergie zum Überschlag. Die Zweifunken-Zündspule ist nur an Motoren mit gerader Zylinderanzahl einsetzbar.

8   Schematische Darstellung von Zündspulen

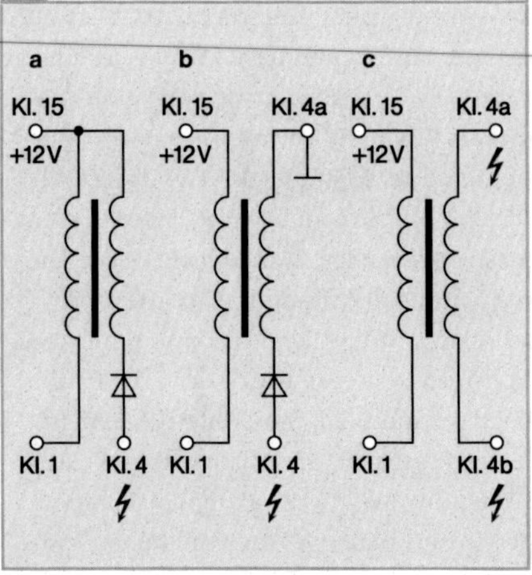

Bild 8
Die Diode dient zur Unterdrückung des Einschaltfunkens. Sie ist bei Zündanlagen mit rotierender Hochspannungsverteilung nicht erforderlich.
a   Einzelfunken-Zündspule in Sparschaltung
b   Einzelfunken-Zündspule
c   Zweifunken-Zündspule

Funktionsprinzip

Hochspannungserzeugung

Das Motorsteuergerät schaltet die Zündungsendstufe während der berechneten Schließzeit ein. Innerhalb dieser Zeit steigt der Primärstrom der Zündspule auf seinen Sollwert und baut dabei ein Magnetfeld auf. Die Höhe des Primärstroms und die Größe der Primärinduktivität der Zündspule bestimmen die im Magnetfeld gespeicherte Energie. Im Zündzeitpunkt unterbricht die Zündungsendstufe den Stromfluss. Durch die Änderung des Magnetfelds wird in der Sekundärwicklung der Zündspule die Sekundärspannung induziert. Die maximal mögliche Sekundärspannung (das Sekundärspannungsangebot) hängt von der in der Zündspule gespeicherten Energie, der Wicklungskapazität und dem Übersetzungsverhältnis der Wicklungen, der Sekundärlast (durch die Zündkerze) und der Begrenzung der Primärspannung (der so genannten „Klammerspannung") der Zündungsendstufe ab.

Die Sekundärspannung muss in jedem Fall über der zum Funkendurchbruch an der Zündkerze notwendigen Spannung (dem Zündspannungsbedarf) liegen. Die Funkenenergie muss zur Zündung des Luft-Kraftstoff-Gemischs auch bei Folgefunken ausreichend groß sein. Folgefunken treten auf, wenn der Zündfunke durch Turbulenzen des Luft-Kraftstoff-Gemischs ausgelenkt wird und abreißt.

Beim Einschalten des Primärstroms wird in der Sekundärwicklung eine unerwünschte Spannung von ca. 1…2 kV (Einschaltspannung) induziert; sie hat eine der Zündspannung entgegengesetzte Polarität. Ein Funkenüberschlag an der Zündkerze (Einschaltfunke) muss vermieden werden. Bei Systemen mit rotierender Hochspannungsverteilung wird der Einschaltfunke durch die Verteilerfunkenstrecke wirksam unterdrückt, da der Verteilerfingerkontakt zum Einschaltzeitpunkt nicht dem Verteilerkappenkontakt gegenüber steht.

Bei ruhender Spannungsverteilung mit Einzelfunken-Zündspulen sperrt eine Diode im Hochspannungskreis (EFU-Diode, Diode zur Einschaltfunkenunterdrückung siehe **Bild 8**, Schaltung a und b) den Einschaltfunken. Die EFU-Diode kann auf der „heißen Seite" (der Zündkerze zugewandten Seite) oder auf der „kalten Seite" (der Zündkerze abgewandten Seite) der Spule sein. Bei Zweifunken-Zündspulen wird der Einschaltfunke durch die hohe Überschlagspannung der Reihenschaltung von zwei Zündkerzen ohne zusätzliche Maßnahmen unterbunden.

Beim Unterbrechen des Primärstroms entsteht in der Primärwicklung eine Selbstinduktionsspannung von einigen hundert Volt, die zum Schutz der Endstufe elektronisch auf einen Wert zwischen 250 und 400 V begrenzt wird.

Aufbau des Magnetfeldes

Sobald die Zündungsendstufe den Strom-

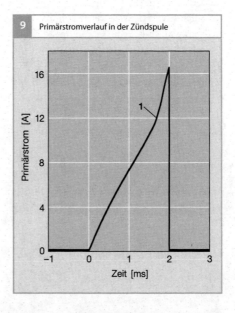

9 Primärstromverlauf in der Zündspule

kreis schließt, entsteht in der Primärspule ein Magnetfeld. Aufgrund der hohen Induktivität erfolgt der Aufbau des Magnetfelds in Abhängigkeit des Eisenquerschnitts und der Wicklung verhältnismäßig langsam (Bild 9). Bleibt der Stromkreis geschlossen, nimmt der Primärstrom weiter zu; ab einer bestimmten Höhe des Stroms tritt im Eisenkreis, abhängig vom verwendeten ferromagnetischen Material, eine magnetische Sättigung ein, die Induktivität nimmt ab und der Strom nimmt ab diesem Zeitpunkt stärker zu. Die Verluste steigen dann innerhalb der Zündspule ebenfalls sehr stark an. Es ist daher sinnvoll, den Arbeitspunkt möglichst unter die magnetische Sättigung zu legen. Dies wird über die Schließzeit bestimmt.

Magnetisierungskurve und Hysterese
Der Kern einer Zündspule besteht aus weichmagnetischem Material. Charakteristisch für dieses Material ist die Magnetisierungskurve, die den Zusammenhang zwischen der magnetischen Feldstärke H und der Flussdichte B im Material angibt (Bild 10). Bei Erreichen einer bestimmten Flussdichte wird bei weiterer Erhöhung der Feldstärke nur noch eine sehr geringe Erhöhung der Flussdichte erreicht, die magnetische Sättigung tritt ein. Eine weitere Eigenschaft des Materials ist die Hysterese der Magnetisierungskurve. Dies bezeichnet die Eigenschaft des Materials, dass die Flussdichte nicht nur von der momentan wirkenden Feldstärke, sondern auch vom früheren magnetischen Zustand abhängt. Die Magnetisierungskurve nimmt beim Magnetisieren (Feldstärke H nimmt zu) einen anderen Verlauf als beim Entmagnetisieren (Feldstärke H nimmt ab). Je mehr dieses Hystereseverhalten ausgeprägt ist, desto höher sind die Eigenverluste des verwendeten Materials. Die von der Hysteresekurve eingeschlossene Fläche ist ein Maß für die Eigenverluste.

Magnetkreis
Das am häufigsten verwendete Material in Zündspulen ist Elektroblech und wird in unterschiedlichen Blechstärken und Qualitäten hergestellt. Es wird je nach Anforderung kornorientiertes (für höhere maximale Flussdichte) oder nicht kornorientiertes Material (für geringere maximale Flussdichte) verwendet. Zur Reduzierung der Wirbelstromverluste werden voneinander elektrisch isolierte Blechlamellen mit 0,3..0,5 mm Dicke eingesetzt. Die Lamellen werden gestanzt, zu Paketen gestapelt und verbunden; damit werden die geometrische Form und der notwendige Querschnitt gebildet. Um die elektrischen Leistungsdaten einer Zündspule mit definierter Geometrie zu erreichen, ist es notwendig, eine optimale Geometrie des Magnetkreises zu finden.

Zur Erfüllung der elektrischen Anforderungen (Funkendauer, Funkenenergie, Sekundärspannungsanstieg, Sekundärspannungsniveau) ist ein Luftspalt (Bild 11, Pos. 1) notwendig, der eine Scherung des Eisenkreises bewirkt (Bild 12). Ein großer Luftspalt (große Scherung) lässt eine hohe magnetische Feldstärke im Magnetkreis zu

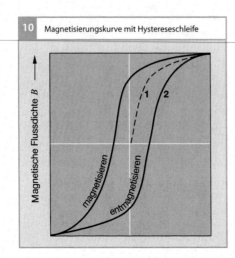

10 Magnetisierungskurve mit Hystereseschleife

Magnetische Flussdichte B ⟶

1
2

magnetisieren

entmagnetisieren

Bild 10
1 Neukurve (Magnetisierungskurve des entmagnetisierten Eisenkerns)
2 Hysteresekurve

und führt so zu einer hohen gespeicherten magnetischen Energie. Das hat zur Folge, dass der Magnetkreis erst bei erheblich höheren Strömen in die magnetische Sättigung geht. Ohne Luftspalt würde diese Sättigung bereits bei geringen Strömen auftreten und bei weiterer Erhöhung des Stroms die gespeicherte Energie nur unwesentlich zunehmen. Im Luftspalt ist der weitaus größte Anteil der magnetischen Energie gespeichert.

Bei der Entwicklung einer Zündspule wird eine für die geforderten elektrischen Daten geeignete Dimensionierung des Magnetkreises und des Luftspaltes über eine FEM-Simulation ausgelegt. Hierbei wird die Geometrie dahingehend optimiert, dass bei gegebenem Strom ein Maximum an gespeicherter magnetischer Energie ohne Sättigung des Magnetkreises erzielt wird.

Mit heutigen Anforderungen hinsichtlich Bauraumreduzierung besteht die Möglichkeit, durch den Einbau von Permanentmagneten (Bild 11, Pos. 1) die gespeicherte magnetische Energie zu erhöhen. Dabei ist der Permanentmagnet so gepolt, dass dieser ein dem magnetischen Feld der Wicklung entgegengerichtetes Feld erzeugt. Die Vormagnetisierung hat den Vorteil, dass im Magnetkreis mehr Energie gespeichert werden kann.

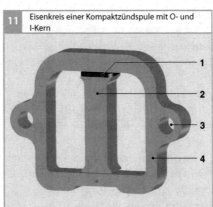

11 Eisenkreis einer Kompaktzündspule mit O- und I-Kern

Bild 11
1 Luftspalt oder Permanentmagnet
2 I-Kern
3 Befestigungsbohrung
4 O-Kern

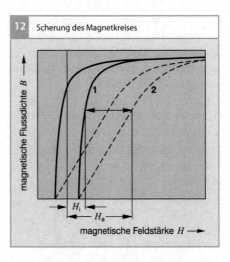

12 Scherung des Magnetkreises

magnetische Flussdichte B

magnetische Feldstärke H

H_i
H_a

Bild 12
1 Hysterese bei Eisenkern ohne Luftspalt,
2 Hysterese bei Eisenkern mit Luftspalt,
H_i Aussteuerung bei Eisenkern ohne Luftspalt,
H_a Aussteuerung bei Eisenkern mit Luftspalt

Einschaltfunken

Bei Einschalten des Primärstroms wird aufgrund der schnellen Änderung des Stromes eine plötzliche magnetische Flussänderung im Eisenkern hervorgerufen. Dadurch wird in der Sekundärwicklung eine Spannung induziert. Sie hat eine gegenüber der induzierten Hochspannung beim Abschalten entgegengesetzte Polarität, da das Vorzeichen der Stromänderung positiv ist. Da die zeitliche Änderung im Verhältnis zur zeitlichen Änderung bei Abschalten des Primärstroms geringer ist, ist die induzierte Spannung geringer. Sie liegt im Bereich von 1...2 kV und ist unter Umständen zur Funkenbildung und Entflammung des Luft-Kraftstoff-Gemischs während des Verdichtungshubes eines Zylinders im Motor ausreichend. Zur Vermeidung von Motorschäden muss ein Funkenüberschlag (Einschaltfunke) an der Zündkerze sicher ausgeschlossen werden. Bei Einzelfunken-Zündspulen verhindert die EFU-Diode den Einschaltfunken (siehe Bild 1, Pos. 2 oder Bild 8a–b).

Wärmeentwicklung in der Zündspule

Der Wirkungsgrad, d. h., die verfügbare Sekundärenergie im Verhältnis zur gespeicherten Primärenergie liegt im Bereich von 50...60 %. Hochleistungszündspulen für Spezialanwendungen erreichen unter gewissen Randbedingungen einen Wirkungsgrad bis zu 80 %. Die Energiedifferenz wird im Wesentlichen durch die ohmschen Verluste in den Wicklungen, die Ummagnetisierungs- und die Wirbelstromverluste in Wärme umgesetzt.

Eine zusätzliche Verlustwärmequelle kann eine in die Zündspule integrierte Zündungsendstufe darstellen. Im Halbleitermaterial wird durch den Primärstrom ein Spannungsfall hervorgerufen, der zu Verlustleistung führt. Ebenso wird durch das Schaltverhalten beim Abschalten des Primärstroms – vor allem bei langsam schaltenden Zündungsendstufen – eine nicht zu vernachlässigende Verlustenergie verbraucht.

Hohe Sekundärspannungen werden üblicherweise durch die Primärspannungsbegrenzung (Klammerung) in der Endstufe begrenzt; hier wird ein Teil der in der Zündspule gespeicherten Energie (Klammerenergie) in der Endstufe zusätzlich als Verlustwärme abgegeben.

Kapazitive Last

Die Kapazitäten in der Zündspule, das Zündkabel, der Zündkerzenschacht, die Zündkerze und umgebende Motorkomponenten stellen Kapazitäten mit erheblichem Einfluss dar. Dadurch reduziert sich der Sekundärspannungsanstieg. Somit werden die in der Wicklung umgesetzten Wirkverluste erhöht, die Hochspannung wird reduziert. Zur Zündung des Luft-Kraftstoff-Gemischs steht daher nicht die gesamte Sekundärenergie zur Verfügung.

Funkenenergie

Die für die Zündkerze zur Verfügung stehende elektrische Energie der Zündspule wird als Funkenenergie bezeichnet. Sie ist ein wesentliches Auslegungskriterium einer Zündspule und bestimmt in Abhängigkeit der Wicklungsauslegung u. a. den Funkenstrom und die Funkenbrenndauer an der Zündkerze. Zur Luft-Kraftstoff-Gemischentflammung in Saug- und Turbomotoren mit Saugrohreinspritzung sind Funkenenergien von 30...50 mJ üblich. Für Motoren mit Benzin-Direkteinspritzung (auch mit Turboaufladung) ist zur sicheren Entflammung in allen Betriebspunkten des Motors eine deutlich höhere Funkenenergie (bis über 100 mJ) notwendig.

Ausführungen

Bei den für Neuentwicklungen eingesetzten Zündspulentypen handelt es sich im Wesentlichen um Kompaktzündspulen und Stabzündspulen, die im Folgenden näher erklärt werden. Eine Integration der Zündungsendstufe in das Zündspulengehäuse ist bei nachfolgend beschriebenen Varianten zum Teil möglich.

Kompaktzündspule

Aufbau

Der Magnetkreis der Kompaktzündspule besteht aus dem O-Kern und dem I-Kern (**Bild 11**), auf dem die Primär- und die Sekundärwicklungen montiert sind. Diese Anordnung wird in das Zündspulengehäuse eingebaut. Die Primärwicklung (mit Draht bewickelter I-Kern) wird mit dem Primärsteckanschluss elektrisch und mechanisch verbunden. Mit dem Primäranschluss ist ebenfalls der Wicklungsanfang der Sekundärwicklung (mit Draht bewickelter Spulenkörper) verbunden. Der zündkerzenseitige Anschluss der Sekundärwicklung befindet sich im Gehäuse und die elektrische Kontaktierung wird bei der Montage der Wicklungen hergestellt.

Der Hochspannungsdom ist Bestandteil des Gehäuses und trägt einerseits das Kontaktteil zur Zündkerzenkontaktierung, anderseits den Silikonmantel zur Isolation der Hochspannung zu außen liegenden Teilen und dem Zündkerzenschacht. Nach dem Zusammenbau der Bauteile wird das Innere des Gehäuses mit einem Imprägnierharz unter Vakuum vergossen und anschließend ausgehärtet. Das ergibt eine hohe mechanische Festigkeit, einen guten Schutz vor Umwelteinflüssen und eine sichere Isolation der Hochspannung. Abschließend wird der Silikonmantel auf den Hochspannungsdom aufgeschoben und fixiert. Nach elektrischer Prüfung aller relevanten Parameter ist die Zündspule einsatzbereit.

Wegbau- und COP-Variante
Aufgrund der kompakten Konstruktion der Zündspule ist der in Bild 13 dargestellte Aufbau möglich. Diese Bauart wird als Coil on Plug (COP) bezeichnet. Die Zündspule wird direkt auf die Zündkerze montiert, sodass zusätzliche Hochspannungs-Verbindungskabel entfallen, die Funktionssicherheit wird erhöht (z. B. ist kein Marderverbiss der Zündkabel mehr möglich). Es ergibt sich ebenfalls eine geringere kapazitive Belastung des Sekundärkreises der Zündspule.

Bei der selteneren Wegbauvariante werden die Kompaktzündspulen jeweils über ein Hochspannungs-Zündkabel mit der Zündkerze verbunden. Die Zündspule ist im Motorraum oder am Zylinderkopf mechanisch, teilweise mit einem zusätzlichen Halter, befestigt. An die Wegbauvariante (Karosserieanbau) werden jedoch geringere Anforderungen hinsichtlich Temperatur- und Schüttelbedingungen gestellt.

Weitere Zündspulen-Bauarten
ZS 2×2
Die rotierende Hochspannungsverteilung wurde schrittweise durch die ruhende Hochspannungsverteilung ersetzt. Für eine einfa-

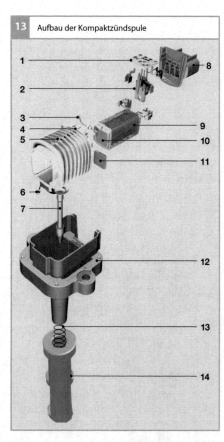

13 Aufbau der Kompaktzündspule

Bild 13
1 Leiterplatte (optional)
2 Endstufe (optional)
3 EFU-Diode
4 Sekundärspulenkörper
5 Sekundärwicklung
6 Kontaktblech
7 Hochspannungsbolzen
8 Primärstecker
9 Primärwicklung
10 I-Kern
11 Permanentmagnet (optional)
12 O-Kern
13 Feder
14 Silikonmantel

che Umrüstung eines 4- oder 6-Zylinder-Motors auf die ruhende Verteilung eignet sich die ZS 2×2 bzw. die ZS 3×2. Diese Bauart enthält zwei bzw. drei Zweifunken-Zündspulen in einem Gehäuse. Der Anpassungsaufwand beim Fahrzeughersteller ist aufgrund der flexiblen Montage im Motorraum gering, ein angepasstes Motorsteuergerät ist jedoch erforderlich. Bei dieser Lösung sind in den meisten Fällen Hochspannungs-Zündkabel erforderlich. Diese Bauart wird heute noch vereinzelt in preisgünstigen Fahrzeugen (LPV, Low Price Vehicle) eingesetzt.

Zündspulen-Module
Bei den Zündspulenmodulen sind mehrere Einfunken-Zündspulen in einem gemeinsa-

men Gehäuse zu einer Baugruppe zusammengefasst. Funktional gesehen sind diese Zündspulen voneinander unabhängig. Die Vorteile, die sich durch den Einsatz von Zündspulenmodulen ergeben, sind eine vereinfachte Montage mit weniger Schraubverbindungen (nur ein Arbeitsgang gegenüber mehreren bei Einzel-Zündspulen), nur ein Steckanschluss zum Motorkabelbaum und reduzierte Kosten durch schnellere Montage und vereinfachten Kabelbaum. Nachteilig

sind die Notwendigkeit einer motorspezifisch angepassten Geometrie und die Eignung nur für bestimmte Zylinderkopfausführungen.

Stabzündspule
Die Stabzündspule ermöglicht eine optimale Ausnutzung der Platzverhältnisse im Zylinderkopf. Durch die zylindrische Bauform kann der Zündkerzenschacht als Montageraum mitbenutzt werden und ermöglicht eine bauraumoptimierte Anordnung. Stabzündspulen werden immer direkt auf die Zündkerze montiert, daher sind keine zusätzlichen Hochspannungs-Verbindungskabel erforderlich.

Aufbau und Magnetkreis
Stabzündspulen (auch als „Pencil Coil" bezeichnet) arbeiten wie Kompaktzündspulen nach dem induktiven Prinzip. Aufgrund der Rotationssymmetrie unterscheiden sie sich im Aufbau jedoch deutlich von Kompaktzündspulen. Der Magnetkreis besteht aus den gleichen Materialien. Der im Zentrum liegende Stabkern (**Bild 14**, Pos. 5) wird hier aus verschieden breit gestanzten Blechlamellen annähernd kreisrund gestapelt und paketiert. Der magnetische Kreis wird über das Rückschlussblech (9) als gerollte und geschlitzte Hülse aus Elektroblech – teilweise aus mehreren Lagen – hergestellt. Im Gegensatz zu Kompaktzündspulen liegt die Primärwicklung (7) mit größerem Durchmesser über der Sekundärwicklung (6), deren Spulenkörper gleichzeitig den Stabkern aufnimmt; hierfür sind konstruktive und funktionale Vorteile maßgebend. Der kompakte Aufbau der Stabzündspule lässt bei gegebener Geometrie hinsichtlich der elektrischen Auslegung nur eine sehr eingeschränkte Variation des Magnetkreises (Stabkern, Rückschlussblech) und Wicklungen zu. Bei den meisten Stabzündspulenanwendungen wer-

14   Aufbau der Stabzündspule

1
2
3
4
5
6
7
8
9
10
11
12
13

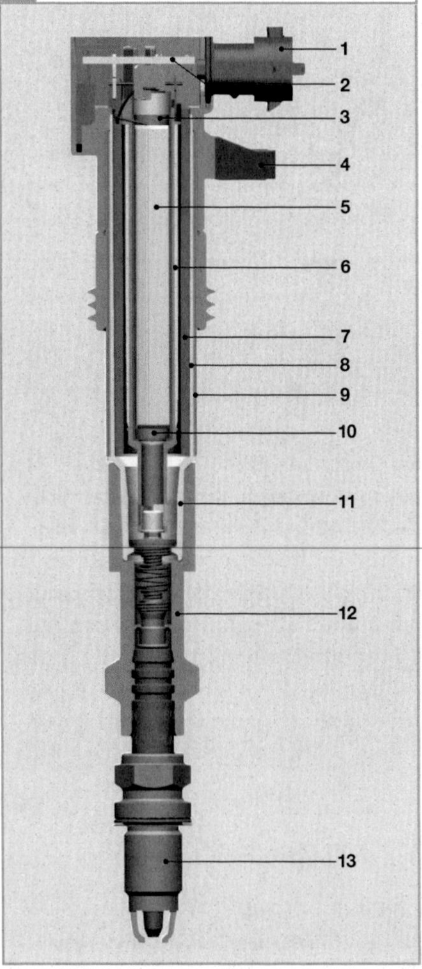

Bild 14
1 Primärstecker
2 Leiterplatte mit Zündungsendstufe (optional)
3 Permanentmagnet (optional)
4 Befestigungsarm
5 lamellierter Elektroblechkern (Stabkern)
6 Sekundärwicklung
7 Primärwicklung
8 Gehäuse
9 Rückschlussblech
10 Permanentmagnet (optional)
11 Hochspannungsdom
12 Silikonmantel
13 Zündkerze

Zwischenräume sind mit Vergussmasse verfüllt

den zur Erhöhung der Funkenenergie Permanentmagnete eingesetzt. Bei Stabzündspulen sind Kontaktierung der Zündkerze und Anschluss an den Motorkabelbaum vergleichbar mit Kompaktzündspulen.

Varianten
Stabzündspulen stehen für verschiedene Anwendungen in mehreren Varianten zur Verfügung (z. B. unterschiedliche Durchmesser und Baulängen). Optional kann eine Zündungsendstufe mit Elektronik in das Gehäuse integriert sein. Ein typischer Durchmesser, gemessen am zylindrischen Mittelteil, ist ca. 22 mm. Dieses Maß ergibt sich durch den Bohrungsdurchmesser des Zündkerzenschachtes im Zylinderkopf und Zündkerzen in Standardbauform mit einer Schlüsselweite SW16. Die Länge einer Stabzündspule wird durch die Einbausituation im Zylinderkopf und den geforderten und möglichen elektrischen Daten bestimmt. Einer deutlichen Verlängerung des aktiven Teils (zur Erhöhung der Induktivität) sind wegen der Zunahme der parasitären Kapazitäten und Verschlechterung des Magnetkreises jedoch Grenzen gesetzt.

Elektronik in der Zündspule
Bei früheren Konzepten war die Zündungsendstufe überwiegend als separates Modul ausgeführt und im Motorraum und bei rotierender Verteilung auch an der Zündspule oder am Zündverteiler befestigt. Mit der Umstellung auf die ruhende Spannungsverteilung und zunehmender Miniaturisierung der Elektronik wurden kompakte Zündungsendstufen als integrierte Schaltkreise entwickelt, die in die Zündungssteuergeräte oder in die Motorsteuergeräte integriert werden konnten.

Der ständig wachsende Funktionsumfang der Motorsteuergeräte und neue Motorkonzepte (z. B. Benzin-Direkteinspritzung) erfordern aufgrund der Verlustleistung der Leistungsendstufen und des Bauraums teilweise die Auslagerung der Zündungsendstufen aus dem Steuergerät. Eine Möglichkeit ist die Integration in die Zündspule, u. a. mit dem Vorteil einer kürzeren Primärleitungslänge und dem damit reduziertem Spannungsabfall oder der Möglichkeit, integrierte Diagnose- und Überwachungsfunktionen zu realisieren.

Elektrische Parameter
Induktivität
Eine Zündspule besitzt eine Primär- und eine Sekundärinduktivität. Die Sekundärinduktivität ist um ein Vielfaches höher als die Primärinduktivität. Die Induktivität wird durch Material und Querschnitt des durchfluteten Magnetkreises, die Windungszahl und die Geometrie der Kupferwicklung bestimmt.

Kapazität
Bei der Zündspule unterscheidet man Eigenkapazität, parasitäre Kapazität und Lastkapazität. Die Eigenkapazität wird im Wesentlichen durch die Wicklung selbst gebildet. Sie ergibt sich daraus, dass benachbarte Drähte in der Sekundärwicklung einen Kondensator bilden.

Innerhalb eines elektrischen Systems existieren parasitäre („schädliche") Kapazitäten. Ein Teil der zur Verfügung stehenden oder erzeugten Energie wird zur Aufladung oder Umladung dieser parasitären Kapazitäten benötigt. In einer Zündspule werden parasitäre Kapazitäten z. B. durch den geringen Abstand zwischen Sekundärwicklung und Primärwicklung oder durch Kabelkapazitäten zwischen Zündkabel und benachbarten Bauteilen gebildet.

Die Lastkapazität wird im Wesentlichen durch die Zündkerze gebildet. Sie wird durch die Einbausituation (z. B. metallischer

Zündkerzenschacht), die Zündkerze selbst und ggf. vorhandene Hochspannungs-Leitungen bestimmt. Diese Bedingungen lassen sich kaum beeinflussen und müssen bei der Auslegung der Zündspule berücksichtigt werden.

Gespeicherte Energie
Abhängig von der Auslegung einer Zündspule (Geometrie, Material des Magnetkreises, Magnete) und der verwendeten Zündungsendstufe lässt sich in einer Zündspule nur bis zu einer bestimmten Größenordnung magnetische Energie speichern. Bei weiterer Erhöhung des Primärstroms ist nur noch ein geringer Zuwachs der gespeicherten Energie möglich, die Verluste steigen dann überproportional an und würden in kurzer Zeit zur Zerstörung der Zündspule führen. Eine optimale Auslegung einer Zündspule liegt – unter Berücksichtigung aller Toleranzen – bei einem Arbeitspunkt knapp unterhalb der magnetischen Sättigung des Magnetkreises.

Ohmscher Widerstand
Der ohmsche Widerstand der Wicklungen wird durch den temperaturabhängigen spezifischen Widerstand des Kupfers bestimmt.

Der Primärwiderstand (Widerstand der Primärwicklung) liegt üblicherweise im Bereich von $0,3...0,6 \, \Omega$. Er darf nicht zu hoch liegen, da die Zündspule sonst im Falle niedriger Bordnetzspannung (z. B. bei Kaltstart) ihren Nennstrom nicht erreicht und somit nur eine geringere Funkenenergie erzeugt. Der Sekundärwiderstand (Widerstand der Sekundärwicklung) liegt aufgrund der höheren Windungszahl (um den Faktor $70...100$) und des geringen Drahtdurchmessers (ca. um den Faktor 10) der Sekundärwicklung im Bereich mehrerer $k\Omega$.

Verlustleistung
Die ohmschen Widerstände der Wicklungen, die kapazitiven Verluste und die Ummagnetisierungsverluste (aufgrund der Hysterese) sowie bauformbedingte Abweichungen vom idealen Magnetkreis bestimmen die Verluste in einer Zündspule. Bei einem Wirkungsgrad von $50...60 \, \%$ treten bei hoher Drehzahl verhältnismäßig hohe Verluste in Form von Wärme auf. Durch verlustminimierte Auslegungen und geeignete konstruktive Lösungen werden die Verluste möglichst klein gehalten.

Variable	Kenngröße	Typische Werte
I_1	Primärstrom	6,5...9,0 A
T_1	Ladezeit	1,5...4,0 ms
U_2	Sekundärspannung	29...35 kV
T_F	Funkendauer	1,3...2,0 ms
W_F	Funkenenergie	30...50 mJ, für Benzin-Direkteinspritzung bis 100 mJ
I_F	Funkenstrom	80...115 mA
R_1	ohmscher Widerstand der Primärwicklung	0,3...0,6 Ω
R_2	ohmscher Widerstand der Sekundärwicklung	5...16 kΩ
N_1	Windungszahl der Primärwicklung	150...200
N_2	Windungszahl der Sekundärwicklung	8 000...22 000

Tabelle 2
Kenngrößen von Zündspulen

Windungsverhältnis

Das Windungsverhältnis ist das Verhältnis zwischen Primär- und Sekundärwindungszahl der Kupferwicklungen. Es liegt für Standardzündspulen in der Größenordnung von 1:50...1:150. Durch die Festlegung des Windungsverhältnisses wird z. B. die Höhe des Funkenstroms und in gewissem Maße die maximale Sekundärspannung in Abhängigkeit von der Klammerspannung der Zündungsendstufe bestimmt.

Hochspannungs- und Funkencharakteristik

Eine ideale Zündspule erzielt eine möglichst hohe und laststabile Hochspannung mit sehr schnellem Spannungsanstieg. Dies garantiert unter betriebsrelevanten Bedingungen einen Funken an der Zündkerze. Bedingt durch die realen Eigenschaften der Wicklungen, des Magnetkreises und der verwendeten Zündungsendstufe sind hier jedoch Grenzen gesetzt. Die Hochspannung ist in der Regel so gepolt, dass die Mittelelektrode der Zündkerze ein negatives Potential gegenüber der Fahrzeugmasse aufweist. Ausnahmen bilden spezielle Kundenanforderungen.

Dynamischer Innenwiderstand

Eine weitere wichtige Größe ist der dynamische Innenwiderstand (die Impedanz) der Zündspule. Er ist von der Sekundärinduktivität abhängig, bestimmt in Verbindung mit der inneren und äußeren Kapazität die Geschwindigkeit des Spannungsanstiegs und ist damit ein Maß dafür, wie viel Energie aus der Zündspule über Nebenschlusswiderstände bis zum Augenblick des Funkendurchbruchs abfließen kann. Ein niedriger Innenwiderstand der Spule ist bei verschmutzten oder nassen Zündkerzen vorteilhaft, da der damit verbundene höhere Wirkungsgrad der Zündspule mehr Zündenergie für die Zündkerze bereitstellt.

Zündkerzen

Die Zündung des Luft-Kraftstoff-Gemischs im Ottomotor erfolgt elektrisch. Die elektrische Energie wird der Batterie entnommen und in der Zündspule zwischengespeichert. Die in der Zündspule erzeugte Hochspannung bewirkt einen Funkenüberschlag zwischen den Elektroden der Zündkerze im Brennraum des Motors. Die in dem Funken enthaltene Energie entzündet das verdichtete Luft-Kraftstoff-Gemisch.

Aufgabe

Die Aufgabe der Zündkerze ist es, beim Ottomotor durch den elektrischen Funken zwischen den Elektroden die Verbrennung des Luft-Kraftstoff-Gemischs einzuleiten (Bild 15). Durch den Aufbau der Zündkerze muss sichergestellt sein, dass die zu übertragende Hochspannung immer sicher gegen den Zylinderkopf isoliert und der Brennraum nach außen abgedichtet wird.

Die Zündkerze bestimmt im Zusammenwirken mit den anderen Komponenten des Motors, z. B. den Zünd- und den Gemischaufbereitungssystemen, in entscheidendem Maße die Funktion des Ottomotors. Sie muss

- einen sicheren Kaltstart ermöglichen,
- über die gesamte Lebensdauer einen aussetzerfreien Betrieb gewährleisten,
- auch bei längerem Betrieb im Bereich der Höchstgeschwindigkeit die zulässige Höchsttemperatur einhalten.

Um diese Funktionen über die gesamte Lebensdauer der Zündkerze sicherzustellen, muss das richtige Zündkerzenkonzept schon sehr früh in der Entwicklungsphase der Motoren festgelegt werden. In Entflammungsuntersuchungen wird das optimale Zündkerzenkonzept hinsichtlich Abgasemission und Laufruhe bestimmt. Ein wichtiger Kennwert

15 Zündkerze im Ottomotor

der Zündkerze ist der Wärmewert. Die Zündkerze mit dem richtigen Wärmewert verhindert, dass sie im Betrieb so heiß wird, dass von ihr thermische Entflammungen ausgehen und den Motor schädigen.

Anwendung

Einsatzgebiete
Die Zündkerze wurde von Bosch im Jahr 1902 in Verbindung mit dem Hochspannungs-Magnetzünder zum ersten Mal in einem Pkw eingesetzt. Sie findet heutzutage in allen Fahrzeugen und Geräten Verwendung, die von einem Ottomotor angetrieben werden – sowohl für Zweitakt- als auch für Viertakt-Verfahren.

Typenvielfalt
1902 leisteten Motoren pro 1 000 cm³ Hubraum lediglich ca. 6 PS (≈ 4,4 kW). Mittlerweile werden 100 kW erreicht, bei Rennmotoren sogar bis 250 kW. Der technische Aufwand für die Entwicklung und die Herstellung von Zündkerzen, die solche Leistungen ermöglichen, ist enorm. Die erste Zündkerze musste 15 bis 25-mal pro Sekunde zünden. Eine heutige Zündkerze muss das 12-Fache leisten. Die obere Temperaturgrenze stieg von 600 °C auf ca. 950 °C, die Zündspannung von 10 kV auf bis zu 40 kV. Während die Zündkerzen von heute mindestens 30 000 km überstehen müssen, wurden die Zündkerzen früher alle 1 000 km gewechselt.

Am Prinzip der Zündkerze hat sich in 100 Jahren wenig geändert. Trotzdem entwickelte Bosch im Lauf der Zeit mehr als 20 000 verschiedene Typen, um der Motorenentwicklung gerecht zu werden. Aber auch das aktuelle Zündkerzenprogramm ist vielfältig. Es werden hohe Anforderungen an die Zündkerze bezüglich der elektrischen und mechanischen Eigenschaften sowie der chemischen und thermischen Belastbarkeit gestellt. Neben diesen Anforderungen muss die Zündkerze auch an die geometrischen Vorgaben der Motorkonstruktion (z. B. Zündkerzenlage im Zylinderkopf) angepasst sein. Aufgrund dieser Anforderungen ist – hervorgerufen durch die unterschiedlichsten Motoren – eine Vielfalt von Zündkerzen erforderlich.

Anforderungen

Anforderungen an die elektrischen Eigenschaften
Beim Betrieb der Zündkerzen mit elektronischen Zündanlagen können Spannungen bis über 40 kV auftreten, die nicht zu Durchschlägen am Isolator führen dürfen. Die sich aus dem Verbrennungsprozess abscheidenden Rückstände wie Ruß, Ölkohle und Asche aus Kraftstoff und Ölzusätzen sind unter bestimmten thermischen Bedingungen elektrisch leitend. Dennoch dürfen dadurch keine Überschläge über den Isolator auftreten. Der elektrische Widerstand des Isolators

muss bis zu 1 000 °C hinreichend groß sein und darf sich über der Lebensdauer der Zündkerze nur wenig verringern.

Anforderungen an die mechanischen Eigenschaften

Die Zündkerze muss den im Verbrennungsraum periodisch auftretenden Drücken (bis ca. 150 bar) widerstehen, ohne an Gasdichtheit zu verlieren. Zusätzlich wird eine hohe mechanische Festigkeit besonders von der Keramik gefordert, die bei der Montage und im Betrieb durch den Zündkerzenstecker und die Zündleitung belastet wird. Das Gehäuse muss die Kräfte beim Anziehen ohne bleibende Verformung aufnehmen.

Anforderungen an die chemische Belastbarkeit

Der in den Brennraum ragende Teil der Zündkerze kann sich bis zur Rotglut erhitzen und ist den bei hoher Temperatur stattfindenden chemischen Vorgängen ausgesetzt. Im Kraftstoff enthaltene Bestandteile können sich als aggressive Rückstände an der Zündkerze ablagern und deren Eigenschaften verändern.

Anforderungen an die thermische Belastbarkeit

Während des Betriebs nimmt die Zündkerze in rascher Folge Wärme aus den heißen Verbrennungsgasen auf und wird kurz danach durch das angesaugte kalte Luft-Kraftstoff-Gemisch abgekühlt. An die Beständigkeit des Isolators gegen „Thermoschock" werden deshalb hohe Anforderungen gestellt. Ebenso muss die Zündkerze die im Brennraum aufgenommene Wärme möglichst gut an den Zylinderkopf des Motors abführen; die Anschlussseite der Zündkerze sollte sich möglichst wenig erwärmen.

Aufbau

Anschlussbolzen

Der Anschlussbolzen (Bild 16, Pos. 1) aus Stahl ist im Isolator mit einer leitfähigen Glasschmelze, die auch die leitende Verbindung zur Mittelelektrode herstellt, gasdicht eingeschmolzen. Er hat an dem aus dem Isolator herausragenden Ende ein Gewinde, in das der Zündkerzenstecker der Zündleitung einrastet. Für den genormten Anschlussstecker wird entweder auf das Gewinde des Anschlussbolzens eine Anschlussmutter aufgeschraubt, oder der Bolzen wird bei der Herstellung bereits mit einem massiven genormten Anschluss versehen.

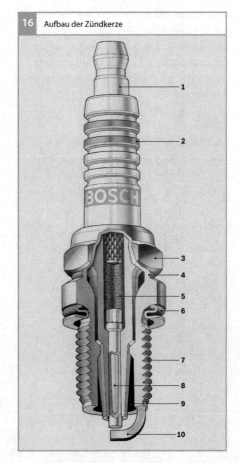

16   Aufbau der Zündkerze

Bild 16
1 Anschlussmutter auf Anschlussbolzen
2 Isolator aus Al_2O_3-Keramik
3 Gehäuse
4 Warmschrumpfzone
5 leitendes Glas
6 Dichtring (Dichtsitz)
7 Gewinde
8 Verbundmittelelektrode (Ni, Cu)
9 Atmungsraum (Luftraum)
10 Masseelektrode (hier als Verbundelektrode Ni, Cu)

Isolator

Der Isolator (**Bild 16**, Pos. 2) besteht aus einer Spezialkeramik. Er hat die Aufgabe, die Mittelelektrode und den Anschlussbolzen gegen das Gehäuse elektrisch zu isolieren. Die Forderungen nach guter Wärmeleitfähigkeit bei hohem elektrischem Isoliervermögen stehen in starkem Gegensatz zu den Eigenschaften der meisten Isolierstoffe. Der von Bosch verwendete Werkstoff besteht aus Aluminiumoxid (Al_2O_3), dem in geringem Anteil andere Stoffe zugemischt sind.

Zur Verbesserung des Kaltwiederholstartverhaltens bei Luftfunken-Zündkerzen kann die Außenkontur des Isolatorfußes modifiziert werden, um ein günstigeres Aufheizverhalten zu erreichen. Die Oberfläche der Isolator-Anschlussseite ist mit einer bleifreien Glasur überzogen. Auf der glatten Glasur haften Feuchtigkeit und Schmutz weniger gut, wodurch Kriechströme weitgehend vermieden werden.

Gehäuse

Das Gehäuse (**Bild 16**, Pos. 3) wird aus Stahl über einen Kaltumformungsprozess herge-

stellt. Aus dem Presswerkzeug kommt der Rohling schon mit seiner endgültigen Kontur und muss nur noch an einzelnen Stellen spanend bearbeitet werden. Der untere Teil des Gehäuses ist mit einem Gewinde (**Bild 16**, Pos. 7) versehen, damit die Zündkerze im Zylinderkopf befestigt und nach einem vorgegebenem Wechselintervall ausgetauscht werden kann. Auf die Stirnseite des Gehäuses werden – je nach Zündkerzenkonzept – bis zu vier Masseelektroden aufgeschweißt.

Zum Schutz des Gehäuses gegen Korrosion ist auf der Oberfläche galvanisch eine Nickelschicht aufgebracht, die in den Aluminiumzylinderköpfen ein Festfressen des Gewindes verhindert. Am oberen Teil des Gehäuses befindet sich ein Sechs- oder bei neueren Zündkerzenkonzepten auch ein Doppelsechskant zum Ansetzen des Schraubenschlüssels. Der Doppelsechskant benötigt bei unveränderter Isolatorkopfgeometrie weniger Platz im Zylinderkopf und der Motorenkonstrukteur ist freier in der Gestaltung der Kühlkanäle.

Der obere Teil des Zündkerzengehäuses wird nach dem Einsetzen des Stöpsels (Isolator mit funktionssicher montierter Mittelelektrode und Anschlussbolzen) umgebördelt und fixiert diesen in seiner Position. Der anschließende Schrumpfprozess – durch induktive Erwärmung unter hohem Druck – stellt die gasdichte Verbindung zwischen Isolator und Gehäuse her und garantiert eine gute Wärmeleitung.

Dichtsitz

Je nach Motorbauart dichtet ein Flach- oder ein Kegeldichtsitz (**Bild 17**) zwischen der Zündkerze und dem Zylinderkopf ab. Beim Flachdichtsitz wird ein „unverlierbarer" Dichtring (**Bild 17**, Pos. 1) als Dichtelement verwendet. Er hat eine spezielle Formgebung und dichtet bei Montage der Zündkerze

17 Dichtsitz der Zündkerze

a   b

1
2

Bild 17
a Flachdichtsitz mit Dichtring
b Kegeldichtsitz ohne Dichtring

1 Dichtring
2 kegelige Dichtfläche

nach Vorschrift dauerelastisch ab. Beim Kegeldichtsitz dichtet eine kegelige Fläche (Bild 17, Pos. 2) des Zündkerzengehäuses ohne Verwendung eines Dichtrings direkt auf einer entsprechenden Fläche des Zylinderkopfs ab.

Elektroden

Beim Funkenüberschlag und Betrieb mit höherer Temperatur wird das Elektrodenmaterial so stark beansprucht, dass die Elektroden verschleißen – der Elektrodenabstand wird dabei größer. Um die Forderungen nach bestimmten Wechselintervallen erfüllen zu können, müssen die Elektrodenwerkstoffe so konzipiert sein, dass sie eine gute Erosionsbeständigkeit (bei Abbrand durch den Funken) und eine gute Korrosionsbeständigkeit (bei Verschleiß durch chemisch-thermische Angriffe) aufweisen.

Grundsätzlich leiten reine Metalle die Wärme besser als Legierungen. Andererseits reagieren reine Metalle – wie z. B. Nickel – auf chemische Angriffe von Verbrennungsgasen und festen Verbrennungsrückständen empfindlicher als Legierungen. Durch Zulegierung von Mangan und Silizium wird die chemische Beständigkeit von Nickel vor allem gegen das sehr aggressive Schwefeldioxid (SO_2, Schwefel ist Bestandteil des Schmieröls und des Kraftstoffs) verbessert. Zusätze aus Aluminium und Yttrium steigern darüber hinaus die Zunder- und Oxidationsbeständigkeit.

Mittelelektrode

Die Mittelelektrode (Bild 16, Pos. 8) ist mit ihrem Kopf in der leitenden Glasschmelze verankert und zur besseren Wärmeableitung mit einem Kupferkern versehen (Bild 18, Pos. 7).

Platin (Pt) und Platinlegierungen weisen eine sehr gute Korrosions- und Oxidationsbeständigkeit sowie eine hohe Abbrandfes-

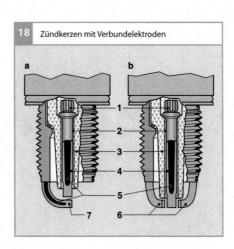

18 Zündkerzen mit Verbundelektroden

a   b

Bild 18
a mit Dachelektrode
b mit Seitenelektroden

1 leitendes Glas
2 Luftspalt
3 Isolatorfuß
4 Verbundmittelelektrode
5 Kupferkern
6 Masseelektroden
7 Verbundmasseelektrode

tigkeit auf. Sie werden daher als Elektrodenwerkstoffe für Longlife-Zündkerzen eingesetzt. Die Mittelelektrode nimmt einen Edelmetallstift auf, der über eine Laserschweißung dauerhaft mit der Basiselektrode verbunden wird.

Masseelektroden

Die Masseelektroden (Bild 16, Pos. 10) sind am Gehäuse befestigt und haben vorwiegend einen rechteckigen Querschnitt. Je nach Art der Anordnung unterscheidet man zwischen Dach- und Seitenelektroden sowie Spezialanwendungen (Bild 19). Die Dauerstandfestigkeit der Masseelektroden wird durch deren Wärmeleitfähigkeit bestimmt. Die Wärmeableitung kann durch die Verwendung von Verbundwerkstoffen (wie bei den Mittelelektroden) zwar verbessert werden, aber letztlich bestimmt die Länge, der Profilquerschnitt und die Anzahl der Masseelektroden die Temperatur und damit deren Verschleißverhalten.

Zündkerzenkonzepte

Die gegenseitige Anordnung der Elektroden und die Position der Masseelektroden zum Isolator bestimmt den Typ des Zündkerzenkonzepts (Bild 20).

19 Elektrodenformen

a   b   c

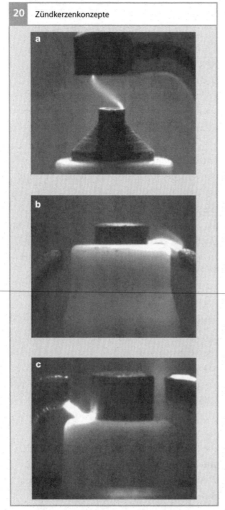

20 Zündkerzenkonzepte

a

b

c

Luftfunkenkonzept
Bei den Luftfunkenkonzepten ist die Masseelektrode so zur Mittelelektrode angestellt, dass der Zündfunke auf direktem Weg zwischen den Elektroden springt und das Luft-Kraftstoff-Gemisch entzündet, das sich zwischen den Elektroden befindet.

Gleitfunkenkonzept
Durch die definierte Anstellung der Masseelektroden zur Keramik gleitet der Funke zunächst von der Mittelelektrode über die Oberfläche der Isolatorfußspitze und springt dann über einen Gasspalt zur Masseelektrode. Da für eine Entladung über die Oberfläche eine niedrigere Zündspannung benötigt wird als für die Entladung durch einen gleich großen Luftspalt, kann der Gleitfunke bei gleichem Zündspannungsbedarf größere Elektrodenabstände überbrücken als der Luftfunke. Dadurch entsteht ein größerer Flammenkern und die Entflammungseigenschaften werden deutlich verbessert. Gleichzeitig hat der Gleitfunke im Kaltwiederholstart eine reinigende Wirkung. Er verhindert, dass sich auf der Isolatorstirnseite Ruß niederschlägt.

Luftgleitfunkenkonzepte
Bei diesen Zündkerzenkonzepten sind die Masseelektroden in einem definierten Abstand zur Mittelelektrode und zur Keramik-

stirnseite angestellt. Je nach Betriebsbedingungen und Zündkerzenzustand (Zündkerzenverschleiß, Zündspannungsbedarf) springt der Funke als Luft- oder als Luftgleitfunke.

Elektrodenabstand

Der Elektrodenabstand (EA) ist die kürzeste Entfernung zwischen Mittel- und Masseelelektrode und bestimmt u. a. die Länge des Funkens. Je kleiner der Elektrodenabstand ist, umso niedriger ist die Spannung, die benötigt wird, um einen Zündfunken zu erzeugen.

Bei zu kleinem Elektrodenabstand entsteht nur ein kleiner Flammenkern im Elektrodenbereich. Über die Kontaktflächen mit den Elektroden wird diesem wiederum Energie entzogen (und führt zum Quenching). Der Flammenkern kann sich dadurch nur sehr langsam ausbreiten. Im Extremfall kann die Energieabfuhr so groß sein, dass sogar Entflammungsaussetzer auftreten können.

Mit zunehmendem Elektrodenabstand (z. B. durch Verschleiß der Elektroden) werden die Entflammungsbedingungen zwar verbessert, da die Quenchingverluste geringer sind. Der erforderliche Zündspannungsbedarf steigt aber an. Bei gegebenem Zündspannungsangebot der Zündspule wird die Zündspannungsreserve reduziert und die Gefahr von Zündaussetzern erhöht.

Den genauen, für den jeweiligen Motor optimalen Elektrodenabstand ermittelt der Motorenhersteller aus verschiedenen Tests. Zunächst werden in charakteristischen Betriebspunkten der Motoren Entflammungsuntersuchungen durchgeführt und der minimale Elektrodenabstand ermittelt. Die Festlegung erfolgt über die Bewertung der Abgasemission, der Laufruhe und des Kraftstoffverbrauchs. In anschließenden Dauerläufen wird das Verschleißverhalten dieser Zündkerzen bestimmt und hinsichtlich des Zündspannungsbedarfs bewertet. Ist ein ausreichender Sicherheitsabstand zur Zündaussetzergrenze gegeben, wird der Elektrodenabstand festgeschrieben. Er kann entweder der Betriebsanleitung oder den Zündkerzen-Verkaufsunterlagen von Bosch entnommen werden.

Funkenlage

Die Lage der Funkenstrecke relativ zur Brennraumwand definiert die Funkenlage. Bei modernen Motoren (insbesondere auch bei Motoren mit Direkteinspritzung) ist ein deutlicher Einfluss der Funkenlage auf die Verbrennung zu beobachten. Zur Charakterisierung der Verbrennung dient die Laufruhe des Motors, die wiederum über eine statistische Auswertung des mittleren indizierten Drucks p_{mi} beschrieben werden kann. Aus der Höhe der Standardabweichung s oder des Variationskoeffizienten ($cov = s/p_{mi}$, wird in Prozent angegeben) kann abgeleitet werden, wie gleichmäßig die Verbrennung abläuft. Als Maß für die Laufgrenze ist für den Variationskoeffizienten ein Wert von 5 % definiert.

Zeigt sich bei einem Motor durch den Einsatz von tiefer in den Brennraum ragenden Funkenlagen eine Verschiebung der Laufgrenze zu höheren Luftzahlen und eine Vergrößerung des Zündwinkelbereichs (bei $cov < 5$ %), sind hier größere Funkenlagen vorteilhaft für die Entflammung.

Größere Funkenlagen bedeuten aber auch längere Masseelektroden, die zu höheren Temperaturen führen, was wiederum einen Anstieg im Elektrodenverschleiß zur Folge hat. Außerdem sinkt die Eigenresonanzfrequenz, was zu Schwingungsbrüchen führen kann. Daher erfordern vorgezogene Funkenlagen mehrere Maßnahmen, um die geforderten Standzeiten erreichen zu können:

- Verlängerung des Zündkerzengehäuses über die Brennraumwand hinaus (dadurch wird die Bruchgefahr der Elektroden reduziert),
- Einsatz von Masseelektroden mit Kupferkern zur Reduzierung der Temperatur um ca. 70 °C,
- Einsatz von hochtemperaturfesten Elektrodenwerkstoffen.

Wärmewert der Zündkerze
Betriebstemperatur der Zündkerze
Arbeitsbereich
Im kalten Zustand wird der Motor mit einem fetten Luft-Kraftstoff-Gemisch betrieben. Dadurch kann während des Verbrennungsvorgangs durch unvollständige Verbrennungen Ruß entstehen, der sich im Brennraum und auf der Zündkerze ablagert. Diese Rückstände verschmutzen den Isolatorfuß und bewirken eine leitfähige Verbindung zwischen Mittelelektrode und Zündkerzengehäuse. Dieser Nebenschluss leitet

einen Teil des Zündstromes als Nebenschlussstrom ab und führt zu Energieverlusten, so dass für die Entflammung weniger Energie zur Verfügung steht. Mit zunehmender Verschmutzung steigt die Wahrscheinlichkeit, dass kein Zündfunke mehr zustande kommt.

Die Ablagerung von Verbrennungsrückständen auf dem Isolatorfuß ist stark von dessen Temperatur abhängig und findet vorwiegend unterhalb von ca. 500 °C statt. Bei höherer Temperatur verbrennen die kohlenstoffhaltigen Rückstände auf dem Isolatorfuß, die Zündkerze reinigt sich also selbst. Daher werden Betriebstemperaturen des Isolatorfußes oberhalb der „Freibrenngrenze" von ca. 500 °C angestrebt (**Bild 21**). Als obere Temperaturgrenze sollen ca. 900 °C nicht überschritten werden. Oberhalb dieser Temperatur unterliegen die Elektroden einem starken Verschleiß durch Oxidation und Heißgaskorrosion. Bei einem weiteren Anstieg der Temperaturen können Glühzündungen nicht mehr ausgeschlossen werden.

Thermische Belastbarkeit
Ein Teil der von der Zündkerze während der Verbrennung im Motor aufgenommenen Wärme wird an das Frischgas abgegeben. Der größte Teil wird über die Mittelelektrode und den Isolator an das Zündkerzengehäuse übertragen und an den Zylinderkopf abgeleitet (**Bild 22**). Die Betriebstemperatur stellt sich als Gleichgewichtstemperatur zwischen Wärmeaufnahme aus dem Motor und Wärmeabfuhr an den Zylinderkopf ein.

Die Wärmezufuhr ist vom Motor abhängig. Motoren mit hoher spezifischer Leistung haben in der Regel höhere Brennraumtemperaturen als Motoren mit niedriger spezifischer Leistung. Die Wärmeabfuhr ist im Wesentlichen über die konstruktive Gestaltung

Bild 21
1 Zündkerze mit zu hoher Wärmekennzahl (zu heiße Zündkerze)
2 Zündkerze mit passender Wärmekennzahl
3 Zündkerze mit zu niedriger Wärmekennzahl (zu kalte Zündkerze)

Die Temperatur im Arbeitsbereich sollte bei verschiedenen Motorleistungen zwischen 500...900 °C am Isolator liegen.

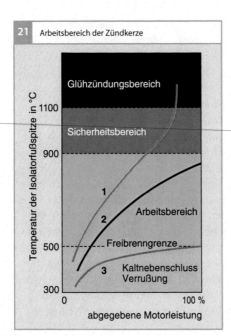

21 Arbeitsbereich der Zündkerze

Glühzündungsbereich

Sicherheitsbereich

Temperatur der Isolatorfußspitze in °C

1100

900

1

2   Arbeitsbereich

500 --- Freibrenngrenze ---

3   Kaltnebenschluss Verrußung

300

0   100 %

abgegebene Motorleistung

des Isolatorfußes festgelegt. Die Zündkerze muss deshalb in ihrem Wärmeaufnahmevermögen dem Motortyp entsprechend angepasst sein. Kennzeichen für die thermische Belastbarkeit der Zündkerze ist der Wärmewert.

Wärmewert und Wärmewertkennzahl
Der Wärmewert einer Zündkerze wird relativ zu Kalibrierzündkerzen ermittelt und mit Hilfe einer Wärmewertkennzahl beschrieben. Eine niedrige Kennzahl (z. B. 2...5) beschreibt eine „kalte Zündkerze" mit geringer Wärmeaufnahme durch einen kurzen Isolatorfuß. Hohe Wärmewertkennzahlen (z. B. 7...10) kennzeichnen „heiße Zündkerzen" mit hoher Wärmeaufnahme durch lange Isolatorfüße. Um Zündkerzen mit verschiedenen Wärmewerten leicht unterscheiden und den entsprechenden Motoren zuordnen zu können, sind diese Kennzahlen Bestandteil der Zündkerzentypformel.

Der richtige Wärmewert wird in Volllastmessungen ermittelt, da in diesen Betriebspunkten die thermische Belastung der Zündkerzen am höchsten ist. Die Zündkerzen dürfen im Betrieb nie so heiß werden, dass von ihnen thermische Entflammungen ausgehen. Mit einem Sicherheitsabstand in der Wärmewertempfehlung zu dieser Selbstentflammungsgrenze werden die Streuungen in der Motoren- und Zündkerzenfertigung abgedeckt und auch berücksichtigt, dass sich die Motoren in ihren thermischen Eigenschaften über die Laufzeit verändern können. So können z. B. Ölascheablagerungen im Brennraum das Verdichtungsverhältnis erhöhen, was wiederum eine höhere Temperaturbelastung der Zündkerze zur Folge hat. Wenn in den abschließenden Kaltstartuntersuchungen mit dieser Wärmewertempfehlung keine Ausfälle mit verrußten Zündkerzen auftreten, ist der richtige Wärmewert für den Motor bestimmt.

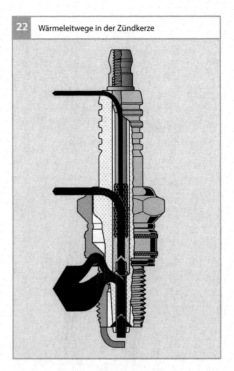

22 Wärmeleitwege in der Zündkerze

Bild 22
Ein großer Anteil der aus dem Brennraum aufgenommenen Wärme wird durch Wärmeleitung abgeführt (ein geringer Anteil der Kühlung von ca. 20 % durch vorbeiströmendes Frischgemisch ist hier nicht berücksichtigt)

Applikation von Zündkerzen
Temperaturmessung
Eine erste Aussage zur richtigen Zündkerzenauswahl liefert die Temperaturmessung mit speziell hergestellten Temperatur-Messzündkerzen (Bild 23). Mit einem Thermoelement (2) in der Mittelelektrode (3) lassen sich in den einzelnen Zylindern die Temperaturen in Abhängigkeit von Drehzahl und Last aufnehmen. Damit ist eine Sicherheit für die Anpassung der Zündkerze gewährleistet, aber auch auf einfache Art die Bestimmung des heißesten Zylinders und des Betriebspunkts für die nachfolgenden Messungen möglich.

Ionenstrommessung
Mit dem Ionenstrom-Messverfahren von Bosch wird der Verbrennungsablauf zur Bestimmung des Wärmewertbedarfs des Motors herangezogen. Die ionisierende Wir-

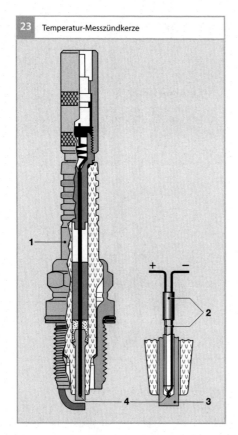

23 Temperatur-Messzündkerze

Bild 23
1 Isolator
2 Mantelthermo-
   element
3 Mittelelektrode
4 Messstelle

kung von Flammen erlaubt, über eine Leit-
fähigkeitsmessung in der Funkenstrecke, den
zeitlichen Ablauf der Verbrennung zu beur-
teilen. Bei der normalen Verbrennung steigt
zum Zündzeitpunkt der Ionenstrom sehr
stark an, da durch den elektrischen Zündfunken sehr viele Ladungsträger in der Funkenstrecke vorhanden sind (Bild 24a). Nach-
dem die Zündspule entladen ist, nimmt der
Stromfluss zwar ab, durch die Verbrennung
sind aber immer noch genügend Ladungsträger vorhanden, sodass der Verbrennungsvorgang weiterhin sichtbar bleibt. Wird par-
allel dazu der Brennraumdruck mit aufgenommen, ist eine normale Verbrennung mit
einem gleichmäßigen Druckanstieg zu se-
hen. Die Lage des Druckmaximums liegt

nach dem oberen Totpunkt (OT). Wird bei
diesen Messungen der Wärmewert der
Zündkerze variiert, zeigt der Verbrennungsablauf charakteristische Veränderungen.

Thermische Entflammung
Zündungen des Luft-Kraftstoff-Gemischs,
die unabhängig vom Zündfunken und meistens an einer heißen Oberfläche entstehen
(z. B. an der zu heißen Isolatorfußoberfläche
einer Zündkerze mit zu hohem Wärmewert),
bezeichnet man als Selbstzündungen (Auto
Ignition). Aufgrund ihrer zeitlichen Lage relativ zum Zündzeitpunkt können diese in
zwei Kategorien unterteilt werden.

Nachentflammungen
Nachentflammungen treten nach dem elektrischen Zündzeitpunkt auf, sind jedoch für
den praktischen Motorbetrieb unkritisch, da
die elektrische Zündung immer früher erfolgt. Um herauszufinden, ob durch die
Zündkerze thermische Entflammungen eingeleitet werden, werden bei dieser Messung
einzelne Zündungen zyklisch unterdrückt.
Beim Auftreten einer Nachentflammung
steigt der Ionenstrom erst deutlich nach dem
Zündzeitpunkt an. Da aber eine Verbrennung eingeleitet wird, ist auch ein Druckanstieg und damit eine Drehmomentabgabe zu
beobachten (Bild 24b).

Vorentflammungen
Vorentflammungen treten vor dem elektrischen Zündzeitpunkt auf (Bild 24c) und
können durch ihren unkontrollierten Verlauf
zu schweren Motorschäden führen. Durch
die zu frühe Verbrennungseinleitung ver-
schiebt sich nicht nur die Lage des Druckmaximums zum OT, sondern auch der maximale Brennraumdruck zu höheren Werten.
Damit steigt die Temperaturbelastung der
Bauteile im Brennraum.

Auswertung der Messergebnisse
Mit dem Bosch-Ionenstrom-Messverfahren können beide Typen sicher erfasst werden. Die Lage der Nachentflammungen relativ zum Zündzeitpunkt sowie der prozentuale Anteil der Nachentflammungen bezogen auf die Anzahl der unterdrückten Zündungen liefern Informationen über die Belastung der Zündkerze im Motor. Da Zündkerzen mit längeren Isolatorfüßen (heiße Zündkerzen) mehr Wärme aus dem Brennraum auf- nehmen und die aufgenommene Wärme schlechter ableiten, ist die Wahrscheinlich- keit, dass mit diesen Zündkerzen Nachent- flammungen oder sogar Vorentflammungen ausgelöst werden, größer als bei Zündkerzen mit kürzeren Isolatorfüßen. Zur Auswahl des für den jeweiligen Motor korrekten Wär- mewerts werden daher in Applikationsmes- sungen die Zündkerzen mit verschiedenen Wärmewerten miteinander verglichen und ihre Entflammungswahrscheinlichkeit, die nicht nur von der Temperatur, sondern auch von den konstruktiven Parametern des Mo- tors und der Zündkerze abhängt, bewertet. Anpassungsmessungen von Zündkerzen werden vorzugsweise auf dem Motorprüf- stand oder am Fahrzeug auf dem Rollen- prüfstand vorgenommen.

Zündkerzenauswahl
Ziel einer Anpassung ist es, eine Zündkerze auszuwählen, die vorentflammungsfrei be- trieben werden kann und eine ausreichende Wärmewertreserve besitzt. Das heißt, Vor- entflammungen dürfen erst mit einer um mindestens zwei Wärmewertstufen heißeren Zündkerze auftreten. Zur Auswahl geeigne- ter Zündkerzen ist eine enge Zusammenar- beit zwischen Motor- und Zündkerzenher- steller üblich.

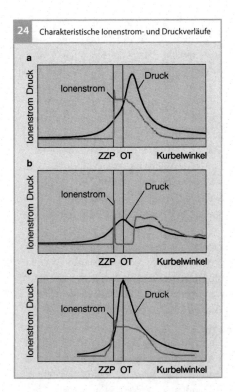

24 Charakteristische Ionenstrom- und Druckverläufe

Bild 24
a Normale Verbren-
   nung
b Nachentflammung
   ohne Zündfunken
c Vorentflammung
ZZP Zündzeitpunkt
OT oberer Totpunkt

Betriebsverhalten der Zündkerze

Veränderungen im Betrieb

Aufgrund des Betriebs der Zündkerze in ei- ner aggressiven Atmosphäre entsteht an den Elektroden ein Materialabtrag. Dieser Elekt- rodenverschleiß lässt den Elektrodenabstand merklich wachsen und führt zu einem An- stieg des Zündspannungsbedarfs. Wenn der Zündspannungsbedarf von der Zündspule nicht mehr gedeckt werden kann, kommt es zu Zündaussetzern.

Weiterhin kann die Funktion der Zünd- kerze aber auch wegen alterungsbedingter Veränderungen im Motor oder durch Ver- schmutzung beeinträchtigt werden. Die Al- terung des Motors kann Undichtigkeiten zur Folge haben, die wiederum einen höheren Ölanteil im Brennraum nach sich ziehen. Dies führt zu verstärkten Ablagerungen von

Ruß, Asche und Ölkohle auf der Zündkerze, die Nebenschlüsse und damit Zündaussetzer bewirken, im Extremfall aber auch Glühzündungen hervorrufen können. Sind darüber hinaus den Kraftstoffen noch Additive zur Verbesserung der Klopfeigenschaften zugegeben, können sich Ablagerungen bilden, die unter Temperaturbelastung leitend werden und zu einem Heißnebenschluss führen. Die Folgen sind auch hier Zündaussetzer, die mit einem deutlichen Anstieg der Schadstoffemission verbunden sind und zur Schädigung des Katalysators führen können.

Elektrodenverschleiß

Mechanismen für den Materialabtrag sind die Funkenerosion und die Korrosion im Brennraum. Der Überschlag elektrischer Funken führt zu einer Anhebung der Temperatur der Elektroden bis zu deren Schmelztemperatur. Die aufgeschmolzenen mikroskopisch kleinen Oberflächenbereiche reagieren mit dem Sauerstoff oder den anderen Bestandteilen der Verbrennungsgase. Die Folge ist ein Materialabtrag.

Zur Minimierung des Elektrodenverschleißes werden Werkstoffe mit hoher Temperaturbeständigkeit eingesetzt (Edelmetall und -legierungen aus Platin und Iridium). Aber auch durch die Elektrodengeometrie (z. B. kleinere Durchmesser, dünne

Stifte) und das Zündkerzenkonzept (Gleitfunken-Zündkerzen) kann der Materialabtrag reduziert werden. Der in der Glasschmelze realisierte ohmsche Widerstand verringert ebenso den Abbrand.

Zwischen Motorhersteller und Zündkerzenzulieferer wird eine Kerzenlebensdauer oder Laufzeit festgelegt, nach der die verschlissenen Zündkerzen regelmäßig ausgetauscht werden müssen.

Anomale Betriebszustände

Anomale Betriebszustände können den Motor und die Zündkerzen zerstören. Dazu gehören Glühzündung, klopfende Verbrennung sowie hoher Ölverbrauch (Aschebildung und Ölkohlebildung). Die Verwendung von Zündkerzen mit nicht zum Motor passendem Wärmewert oder die Verwendung ungeeigneter Kraftstoffe können Motor und Zündkerzen schädigen.

Glühzündung

Die Glühzündung ist ein unkontrollierter Entflammungsvorgang, bei dem die Temperatur im Brennraum so stark ansteigen kann, dass schwere Schäden am Motor und an der Zündkerze entstehen. Wegen örtlicher Überhitzung im Volllastbetrieb können Glühzündungen an folgenden Stellen entstehen:

- an der Spitze des Isolatorfußes der Zündkerze,
- am Auslassventil,
- an vorstehenden Zylinderkopfdichtungen,
- an sich lösenden Ablagerungen.

Klopfende Verbrennung

Beim Klopfen tritt eine unkontrollierte, sehr schnelle Verbrennung auf. Durch selbstzündende Luft-Kraftstoff-Gemischteile vor einer Flammenfront entsteht ein sehr steiler Druckanstieg, der dem normalen Druckverlauf überlagert ist. Durch die hohen Druckgradienten erfahren die Bauteile (Zylinderkopf,

25 Schadensbild einer durch starkes Klopfen geschädigten Masseelektrode

Ventile, Kolben und Zündkerzen) eine hohe Temperaturbelastung, die zu einer Schädigung führen kann. Bei Zündkerzen bilden sich zuerst an der Oberfläche der Masseelektrode Grübchen (Bild 25).

Ausführungen

Zündkerzen für direkteinspritzende Ottomotoren

Bei den direkteinspritzenden Motoren wird im Schichtbetrieb der Kraftstoff über das Hochdruckeinspritzventil im Kompressionshub direkt in den Brennraum eingespritzt. Da sich die Strömung in Betrag und Richtung in den verschiedenen Betriebspunkten des Motors ändert, ist eine tief in den Brennraum ragende Funkenlage für die Luft-Kraftstoff-Gemischentflammung sehr vorteilhaft. Nachteilig ist dabei, dass die Temperatur der Masseelektrode durch diese Geometrie ansteigt. Eine wirkungsvolle Gegenmaßnahme ist jedoch die Verlängerung des Gehäuses in den Brennraum hinein. Dadurch wird die Länge der Masseelektrode und damit deren Temperatur wieder reduziert.

Wand- und luftgeführte Brennverfahren

Bei den wand- und luftgeführten Brennverfahren hat sich die homogene Betriebsart durchgesetzt, bei der durch die Einspritzung des Kraftstoffs in den Saughub das Luft-Kraftstoff-Gemisch auf $\lambda = 1$ eingestellt wird. Dadurch werden ähnliche Anforderungen an das Entflammungsverhalten der Zündkerzen wie bei der Saugrohreinspritzung gestellt. Um höhere Leistungswerte zu erzielen, werden direkteinspritzende Motoren jedoch häufig mit Abgasturbolader betrieben. Dadurch hat das Luft-Kraftstoff-Gemisch zum Zündzeitpunkt eine höhere Dichte und damit auch einen höheren Zündspannungsbedarf. In der Regel kommen hier Luftfunkenkerzen mit Edelmetallstiften auf der Mittelelektrode

und Masseelektroden mit Edelmetallbesatz zum Einsatz, um auch die Standzeitforderungen nach 60 000 km und mehr sicher erfüllen zu können. Für nicht aufgeladene Motoren eignen sich auch Gleitfunkenkonzepte, die aufgrund von mehreren möglichen Funkenstrecken eine größere Sicherheit gegenüber Entflammungsaussetzern und ein besseres Freibrennverhalten bieten.

Strahlgeführte Brennverfahren

Bei den neueren Entwicklungen der strahlgeführten Brennverfahren sind die Anforderungen an die Zündkerzen deutlich höher. Durch die Anordnung der Zündkerze nahe am Einspritzventil werden lange schlanke Kerzen bevorzugt, da mit dieser Bauform zusätzliche Kühlkanäle zwischen dem Einspritzventil und der Zündkerze untergebracht werden können. Die Ausrichtung der Zündkerze zum Einspritzventil muss derart erfolgen, dass der Funke durch die Strömung des Einspritzstrahls (Entrainmentströmung) in den Randbereich des Sprays gezogen und so die Entflammung des Luft-Kraftstoff-Gemischs sichergestellt wird.

Funken in den Atmungsraum (Luftraum zwischen Zündkerzengehäuse und Isolator, brennraumseitig) stehen für die Entflammung nicht zur Verfügung. Die Gleitfunken in das Kerzengehäuse können durch eine geeignete brennraumseitige Geometrie der Zündkerzen oder durch die Umkehrung der Zündungspolarität (Mittelelektrode als Anode, Masseelektrode als Kathode) vermieden werden.

Bei einer engen Toleranz des Strahlkegels muss darüber hinaus auch der Funkenort konstant gehalten werden. Bei einer zu tiefen Funkenlage taucht die Zündkerze in das Spray ein und durch die Benetzung mit Kraftstoff kann es zu einer Schädigung der Kerze oder zur Verrußung des Isolators kommen. Wird die Position des Funkenorts zu weit in Richtung Brennraumwand zurückgezogen, kann der Funken durch die sprayinduzierte Strömung nicht mehr in das Luft-Kraftstoff-Gemisch hineingezogen werden. Aussetzer sind die Folge.

Daraus kann man ableiten, dass für eine sichere Funktion der strahlgeführten Brennverfahren eine enge Abstimmung und Zusammenarbeit zwischen der Zündkerzenentwicklung und der Brennverfahrenentwicklung notwendig ist.

Spezialzündkerzen
Anwendung
Für besondere Anforderungen werden Spezialzündkerzen eingesetzt. Diese unterscheiden sich im konstruktiven Aufbau, der von den Einsatzbedingungen und den Einbauverhältnissen im Motor bestimmt wird.

Zündkerzen für den Motorsport
Motoren für Sportfahrzeuge sind wegen des ständigen Volllastbetriebs hohen thermischen Belastungen ausgesetzt. Zündkerzen für diese Betriebsverhältnisse haben meist Edelmetallelektroden (Silber, Platin) und einen kurzen Isolatorfuß mit geringer Wärmeaufnahme.

Zündkerzen mit Widerstand
Durch einen Widerstand in der Zuleitung zur Funkenstrecke der Zündkerzen kann die Weiterleitung der Störimpulse auf die Zündleitung und damit die Störabstrahlung verringert werden. Durch den geringeren Strom in der Bogenphase des Zündfunkens wird auch die Elektrodenerosion verringert. Der Widerstand wird durch die Spezialglasschmelze zwischen Mittelelektrode und Anschlussbolzen gebildet. Der notwendige Widerstand der Glasschmelze wird durch entsprechende Zusätze erreicht.

Vollgeschirmte Zündkerzen
Bei sehr hohen Ansprüchen an die Entstörung kann eine Abschirmung der Zündkerzen notwendig sein. Bei vollgeschirmten Zündkerzen ist der Isolator mit einer Abschirmhülse aus Metall umgeben. Der Anschluss befindet sich im Innern des Isolators. Vollgeschirmte Zündkerzen sind wasserdicht (Bild 26).

Typformel für Zündkerzen
Die Kennzeichnung der Zündkerzentypen wird durch eine Typformel festgelegt. In der Typformel sind alle wesentlichen Zündkerzenmerkmale enthalten. Der Elektrodenabstand wird auf der Verpackung angegeben. Die für den jeweiligen Motor passende Zündkerze ist vom Motorhersteller und von Bosch vorgeschrieben oder empfohlen. Detaillierte Informationen sind unter www.bosch-zuendkerze.de zu finden.

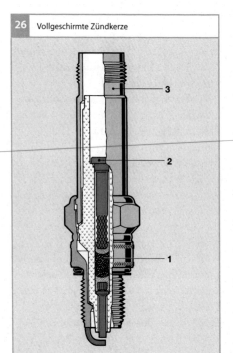

26   Vollgeschirmte Zündkerze

Bild 26
1 Spezialglasschmelze (Entstörwiderstand)
2 Zündkabelanschluss
3 Abschirmhülse

Simulationsbasierte Entwicklung von Zündkerzen

Die Finite-Elemente-Methode (FEM) ist ein mathematisches Näherungsverfahren zur Lösung von Differentialgleichungen, die das Verhalten von physikalischen Systemen beschreiben. Die zu berechnende Struktur wird dazu in einzelne Bereiche (finite Elemente) unterteilt. Die Finite-Elemente-Methode wird bei der Zündkerze zur Berechnung von Temperaturfeldern und elektrischen Feldern sowie zur Lösung von strukturmechanischen Problemstellungen genutzt. Geometrie- und Werkstoffänderungen an der Zündkerze oder auch unterschiedliche physikalische Randbedingungen und deren Auswirkungen können ohne aufwendige Versuche vorab bestimmt werden. Dies ist die Basis für eine gezielte Herstellung von Versuchsmustern, mit denen die Verifizierung der Berechnungsergebnisse exemplarisch erfolgt.

Temperaturfeld

Entscheidend für den Wärmewert der Zündkerze sind die maximalen Temperaturen des Keramikisolators und der Mittelelektrode im Brennraum. Bild 27a zeigt beispielhaft das axialsymmetrische Halbmodell einer Zündkerze und einen Ausschnitt des Zylinderkopfs im Querschnitt. Anhand der in Graustufen dargestellten Temperaturfelder ist ersichtlich, dass die höchste Temperatur an der Spitze des Keramikisolators auftritt.

Elektrisches Feld

Zum Zündzeitpunkt soll die angelegte Hochspannung zum Funkenüberschlag an den Elektroden führen. Funkendurchschläge in der Keramik oder das Ableiten des Funkens über den Keramikisolator zum Zündkerzengehäuse können zu verschleppten Verbrennungen oder Entflammungsaussetzern führen. Bild 27b zeigt ein axialsymmetrisches Halbmodell mit den entsprechenden Feldstärken zwischen der Mittelelektrode und dem Gehäuse. Das elektrische Feld durchdringt die nichtleitende Keramik und das dazwischenliegende Gas.

Strukturmechanik

Bei der Verbrennung treten im Brennraum hohe Drücke auf, die einen gasdichten Ver-

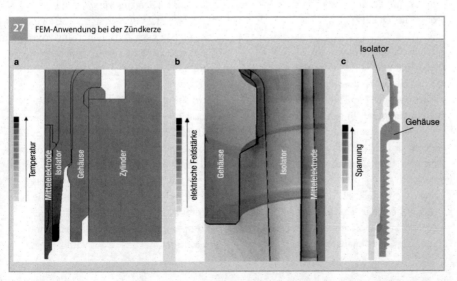

27 FEM-Anwendung bei der Zündkerze

a   b   c

Isolator

Gehäuse

Temperatur — Mittelelektrode — Isolator — Gehäuse — Zylinder

elektrische Feldstärke — Gehäuse — Isolator — Mittelelektrode

Spannung

Bild 27

Axialsymmetrische Halbmodelle einer Zündkerze
a   Temperaturverteilung im Keramikisolator und in der Mittelelektrode
b   elektrische Feldstärke im Bereich Mittelelektrode und Gehäuse
c   Einspannkraft und mechanische Spannungen des Zündkerzengehäuses

bund des Zündkerzengehäuses mit dem Keramikisolator erfordern. Bild 27c zeigt ein axialsymmetrisches Halbmodell einer Zündkerze nach dem Bördeln und Warmschrumpfen des Zündkerzengehäuses. Berechnet wurden die Einspannkraft und die mechanischen Spannungen des Zündkerzengehäuses.

Zündkerzen-Praxis

Zündkerzenmontage
Bei richtiger Montage und Typauswahl ist die Zündkerze ein zuverlässiger Bestandteil der Zündanlage. Ein Nachjustieren des Elektrodenabstands wird nur bei Zündkerzen mit Dachelektroden empfohlen. Bei Gleitfunken- und Luftgleitfunken-Zündkerzen dürfen die Masseelektroden nicht nachjustiert werden, da sonst das Zündkerzenkonzept verändert wird.

Fehler und ihre Folgen
Für einen bestimmten Motortyp dürfen nur die vom Motorhersteller freigegebenen oder die von Bosch empfohlenen Zündkerzen verwendet werden. Bei Verwendung ungeeigneter Zündkerzentypen können schwere Motorschäden entstehen.

Falsche Wärmewertkennzahl
Die Wärmewertkennzahl muss unbedingt mit der Zündkerzenvorschrift des Motorherstellers oder der Empfehlung von Bosch übereinstimmen. Glühzündungen können die Folge sein, wenn Zündkerzen mit einer anderen als für den Motor vorgeschriebenen Wärmewertkennzahl verwendet werden.

Falsche Gewindelänge
Die Gewindelänge der Zündkerze muss der Gewindelänge im Zylinderkopf entsprechen. Ist das Gewinde zu lang, dann ragt die

Zündkerze zu weit in den Verbrennungsraum. Eine mögliche Folge ist eine Beschädigung des Kolbens. Außerdem kann das Verkoken der Gewindegänge der Zündkerze ein Herausschrauben unmöglich machen oder die Zündkerze kann überhitzen.

Ist das Gewinde zu kurz, so ragt die Zündkerze nicht weit genug in den Verbrennungsraum. Dadurch kann eine schlechtere Luft-Kraftstoff-Gemischentflammung resultieren. Ferner erreicht die Zündkerze ihre Freibrenntemperatur nicht und die unteren Gewindegänge im Zylinderkopf verkoken.

Manipulation am Dichtsitz
Bei Zündkerzen mit Kegeldichtsitz darf weder eine Unterlegscheibe noch ein Dichtring verwendet werden. Bei Zündkerzen mit Flachdichtsitz darf nur der an der Zündkerze befindliche „unverlierbare" Dichtring verwendet werden. Er darf nicht entfernt oder durch eine Unterlegscheibe ersetzt werden. Ohne Dichtring ragt die Zündkerze zu weit in den Verbrennungsraum. Deshalb ist der Wärmeübergang vom Zündkerzengehäuse zum Zylinderkopf beeinträchtigt und der Zündkerzensitz dichtet schlecht. Wird ein zusätzlicher Dichtring verwendet, so ragt die Zündkerze nicht tief genug in die Gewindebohrung, und der Wärmeübergang vom Zündkerzengehäuse zum Zylinderkopf ist ebenfalls beeinträchtigt.

Beurteilung von Zündkerzengesichtern
Zündkerzengesichter geben Aufschluss über das Betriebsverhalten von Motor und Zündkerze. Das Aussehen von Elektroden und Isolatoren der Zündkerze – des „Zündkerzengesichts" – gibt Hinweise auf das Betriebsverhalten der Zündkerze sowie auf die Luft-Kraftstoff-Gemischzusammensetzung und den Verbrennungsvorgang des Motors.

Literatur

[1] Deutsches Institut für Normung e. V., Berlin 1997. DIN/ISO 6518-2, Zündanlagen, Teil 2: Prüfung der elektrischen Leistungsfähigkeit.

[2] Maly, R., Herden, W., Saggau, B., Wagner, E., Vogel, M., Bauer, G., Bloss, W. H.: Die drei Phasen einer elektrischen Zündung und ihre Auswirkungen auf die Entflammungseinleitung. 5. Statusseminar „Kraftfahrzeug- und Straßenverkehrstechnik" des BMFT, 27.–29. Sept. 1977, Bad Alexandersbad.

Elektronische Steuerung und Regelung

Übersicht

Die Aufgabe des elektronischen Motorsteuergeräts besteht darin, alle Aktoren des Motor-Managementsystems so anzusteuern, dass sich ein bestmöglicher Motorbetrieb bezüglich Kraftstoffverbrauch, Abgasemissionen, Leistung und Fahrkomfort ergibt. Um dies zu erreichen, müssen viele Betriebsparameter mit Sensoren erfasst und mit Algorithmen – das sind nach einem festgelegten Schema ablaufende Rechenvorgänge – verarbeitet werden. Als Ergebnis ergeben sich Signalverläufe, mit denen die Aktoren angesteuert werden.

Das Motor-Managementsystem umfasst sämtliche Komponenten, die den Ottomotor steuern (Bild 1, Beispiel Benzin-Direkteinspritzung). Das vom Fahrer geforderte Drehmoment wird über Aktoren und Wandler eingestellt. Im Wesentlichen sind dies

- die elektrisch ansteuerbare Drosselklappe zur Steuerung des Luftsystems: sie steuert den Luftmassenstrom in die Zylinder und damit die Zylinderfüllung,
- die Einspritzventile zur Steuerung des Kraftstoffsystems: sie messen die zur Zylinderfüllung passende Kraftstoffmenge zu,
- die Zündspulen und Zündkerzen zur Steuerung des Zündsystems: sie sorgen für die zeitgerechte Entzündung des im Zylinder vorhandenen Luft-Kraftstoff-Gemischs.

An einen modernen Motor werden auch hohe Anforderungen bezüglich Abgasverhalten, Leistung, Kraftstoffverbrauch, Diagnostizierbarkeit und Komfort gestellt. Hierzu sind im Motor gegebenenfalls weitere Aktoren und Sensoren integriert. Im elektronischen Motorsteuergerät werden alle Stellgrößen nach vorgegebenen Algorithmen berechnet. Daraus werden die Ansteuersignale für die Aktoren erzeugt.

Betriebsdatenerfassung und -verarbeitung

Betriebsdatenerfassung

Sensoren und Sollwertgeber

Das elektronische Motorsteuergerät erfasst über Sensoren und Sollwertgeber die für die Steuerung und Regelung des Motors erforderlichen Betriebsdaten (Bild 1). Sollwertgeber (z. B. Schalter) erfassen vom Fahrer vorgenommene Einstellungen, wie z. B. die Stellung des Zündschlüssels im Zündschloss (Klemme 15), die Schalterstellung der Klimasteuerung oder die Stellung des Bedienhebels für die Fahrgeschwindigkeitsregelung.

Sensoren erfassen physikalische und chemische Größen und geben damit Aufschluss über den aktuellen Betriebszustand des Motors. Beispiele für solche Sensoren sind:

- Drehzahlsensor für das Erkennen der Kurbelwellenstellung und die Berechnung der Motordrehzahl,
- Phasensensor zum Erkennen der Phasenlage (Arbeitsspiel des Motors) und der Nockenwellenposition bei Motoren mit Nockenwellen-Phasenstellern zur Verstellung der Nockenwellenposition,
- Motortemperatur- und Ansauglufttemperatursensor zum Berechnen von temperaturabhängigen Korrekturgrößen,
- Klopfsensor zum Erkennen von Motorklopfen,
- Luftmassenmesser und Saugrohrdrucksensor für die Füllungserfassung,
- λ-Sonde für die λ-Regelung.

Signalverarbeitung im Steuergerät

Bei den Signalen der Sensoren kann es sich um digitale, pulsförmige oder analoge Spannungen handeln. Eingangsschaltungen im Steuergerät oder zukünftig auch vermehrt im Sensor bereiten alle diese Signale auf. Sie nehmen eine Anpassung des Spannungspegels vor und passen damit die Signale für die Weiterverarbeitung im Mikrocontroller des

1 Komponenten für die elektronische Steuerung und Regelung eines Ottomotors

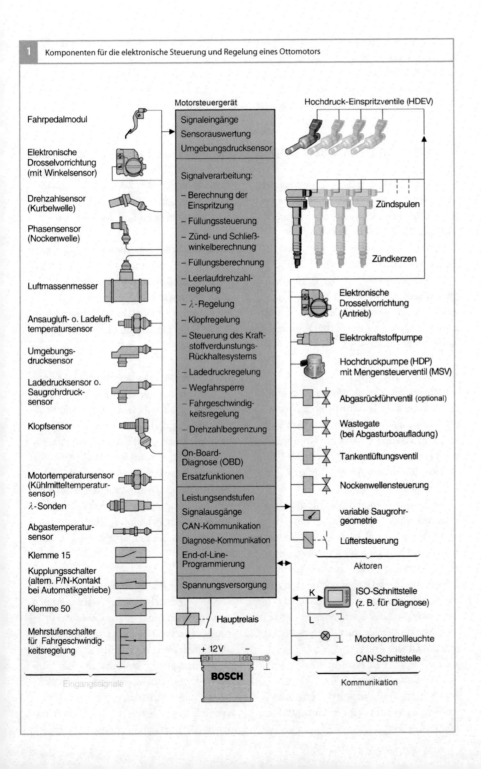

Steuergeräts an. Digitale Eingangssignale werden im Mikrocontroller direkt eingelesen und als digitale Information gespeichert. Die analogen Signale werden vom Analog-Digital-Wandler (ADW) in digitale Werte umgesetzt.

Betriebsdatenverarbeitung

Aus den Eingangssignalen erkennt das elektronische Motorsteuergerät die Anforderungen des Fahrers über den Fahrpedalsensor und über die Bedienschalter, die Anforderungen von Nebenaggregaten und den aktuellen Betriebszustand des Motors und berechnet daraus die Stellsignale für die Aktoren. Die Aufgaben des Motorsteuergeräts sind in Funktionen gegliedert. Die Algorithmen sind als Software im Programmspeicher des Steuergeräts abgelegt.

Steuergerätefunktionen
Die Zumessung der zur angesaugten Luftmasse zugehörenden Kraftstoffmasse und die Auslösung des Zündfunkens zum bestmöglichen Zeitpunkt sind die Grundfunktionen der Motorsteuerung. Die Einspritzung und die Zündung können so optimal aufeinander abgestimmt werden.

Die Leistungsfähigkeit der für die Motorsteuerung eingesetzten Mikrocontroller ermöglicht es, eine Vielzahl weiterer Steuerungs- und Regelungsfunktionen zu integrieren. Die immer strengeren Forderungen aus der Abgasgesetzgebung verlangen nach Funktionen, die das Abgasverhalten des Motors sowie die Abgasnachbehandlung verbessern. Funktionen, die hierzu einen Beitrag leisten können, sind z. B.:
- Leerlaufdrehzahlregelung,
- λ-Regelung,
- Steuerung des Kraftstoffverdunstungs-Rückhaltesystems für die Tankentlüftung,
- Klopfregelung,

- Abgasrückführung zur Senkung von NO_x-Emissionen,
- Steuerung des Sekundärluftsystems zur Sicherstellung der schnellen Betriebsbereitschaft des Katalysators.

Bei erhöhten Anforderungen an den Antriebsstrang kann das System zusätzlich noch durch folgende Funktionen ergänzt werden:
- Steuerung des Abgasturboladers sowie der Saugrohrumschaltung zur Steigerung der Motorleistung und des Motordrehmoments,
- Nockenwellensteuerung zur Reduzierung der Abgasemissionen und des Kraftstoffverbrauchs sowie zur Steigerung von Motorleistung und -drehmoment,
- Drehzahl- und Geschwindigkeitsbegrenzung zum Schutz von Motor und Fahrzeug.

Immer wichtiger bei der Entwicklung von Fahrzeugen wird der Komfort für den Fahrer. Das hat auch Auswirkungen auf die Motorsteuerung. Beispiele für typische Komfortfunktionen sind Fahrgeschwindigkeitsregelung (Tempomat) und ACC (Adaptive Cruise Control, adaptive Fahrgeschwindigkeitsregelung), Drehmomentanpassung bei Schaltvorgängen von Automatikgetrieben sowie Lastschlagdämpfung (Glättung des Fahrerwunschs), Einparkhilfe und Parkassistent.

Ansteuerung von Aktoren
Die Steuerätefunktionen werden nach den im Programmspeicher des Motorsteuerung-Steuergeräts abgelegten Algorithmen abgearbeitet. Daraus ergeben sich Größen (z. B. einzuspritzende Kraftstoffmasse), die über Aktoren eingestellt werden (z. B. zeitlich definierte Ansteuerung der Einspritzventile). Das Steuergerät erzeugt die elektrischen Ansteuersignale für die Aktoren.

Drehmomentstruktur

Mit der Einführung der elektrisch ansteuerbaren Drosselklappe zur Leistungssteuerung wurde die drehmomentbasierte Systemstruktur (Drehmomentstruktur) eingeführt. Alle Leistungsanforderungen (Bild 2) an den Motor werden koordiniert und in einen Drehmomentwunsch umgerechnet. Im Drehmomentkoordinator werden diese Anforderungen von internen und externen Verbrauchern sowie weitere Vorgaben bezüglich des Motorwirkungsgrads priorisiert. Das resultierende Sollmoment wird auf die Anteile des Luft-, Kraftstoff- und Zündsystems aufgeteilt.

Der Füllungsanteil (für das Luftsystem) wird durch eine Querschnittsänderung der Drosselklappe und bei Turbomotoren zusätzlich durch die Ansteuerung des Wastegate-Ventils realisiert. Der Kraftstoffanteil wird im Wesentlichen durch den eingespritzten Kraftstoff unter Berücksichtigung der Tankentlüftung (Kraftstoffverdunstungs-Rückhaltesystem) bestimmt.

Die Einstellung des Drehmoments geschieht über zwei Pfade. Im Luftpfad (Hauptpfade) wird aus dem umzusetzenden Drehmoment eine Sollfüllung berechnet. Aus dieser Sollfüllung wird der Soll-Drosselklappenwinkel ermittelt. Die einzuspritzende Kraftstoffmasse ist aufgrund des fest vorgegebenen λ-Werts von der Füllung abhängig. Mit dem Luftpfad sind nur langsame Drehmomentänderungen einstellbar (z. B. beim Integralanteil der Leerlaufdrehzahlregelung).

Im kurbelwellensynchronen Pfad wird aus der aktuell vorhandenen Füllung das für diesen Betriebspunktpunkt maximal mögliche Drehmoment berechnet. Ist das gewünschte Drehmoment kleiner als das maximal mögliche, so kann für eine schnelle Drehmomentreduzierung (z. B. beim Differentialanteil der Leerlaufdrehzahlregelung, für die Drehmomentrücknahme beim Schaltvorgang oder zur Ruckeldämpfung) der Zündwinkel in Richtung spät verschoben oder einzelne oder mehrere Zylinder vollständig ausgeblendet werden (durch Einspritzausblendung, z. B. bei ESP-Eingriff oder im Schub).

Bei den früheren Motorsteuerungs-Systemen ohne Momentenstruktur wurde eine Zurücknahme des Drehmoments (z. B. auf Anforderung des automatischen Getriebes beim Schaltvorgang) direkt von der jeweiligen Funktion z. B. durch Spätverstellung des

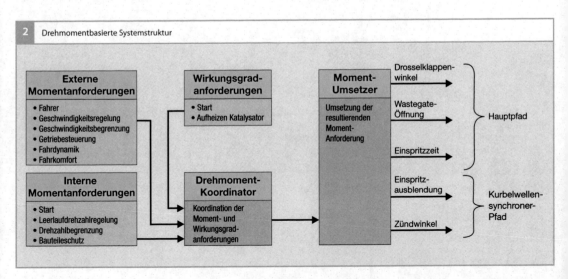

2   Drehmomentbasierte Systemstruktur

Externe Momentanforderungen	Wirkungsgrad-anforderungen	Moment-Umsetzer	Drosselklappen-winkel

Externe Momentanforderungen
- Fahrer
- Geschwindigkeitsregelung
- Geschwindigkeitsbegrenzung
- Getriebesteuerung
- Fahrdynamik
- Fahrkomfort

Wirkungsgrad-anforderungen
- Start
- Aufheizen Katalysator

Interne Momentanforderungen
- Start
- Leerlaufdrehzahlregelung
- Drehzahlbegrenzung
- Bauteileschutz

Drehmoment-Koordinator
Koordination der Moment- und Wirkungsgrad-anforderungen

Moment-Umsetzer
Umsetzung der resultierenden Moment-Anforderung

Drosselklappen-winkel
Wastegate-Öffnung
Einspritzzeit — Hauptpfad

Einspritz-ausblendung
Zündwinkel — Kurbelwellen-synchroner-Pfad

Zündwinkels vorgenommen. Eine Koordination der einzelnen Anforderungen und eine koordinierte Umsetzung war nicht gegeben.

Überwachungskonzept

Im Fahrbetrieb darf es unter keinen Umständen zu Zuständen kommen, die zu einer vom Fahrer ungewollten Beschleunigung des Fahrzeugs führen. An das Überwachungskonzept der elektronischen Motorsteuerung werden deshalb hohe Anforderungen gestellt. Hierzu enthält das Steuergerät neben dem Hauptrechner zusätzlich einen Überwachungsrechner; beide überwachen sich gegenseitig.

Diagnose

Die im Steuergerät integrierten Diagnosefunktionen überprüfen das Motorsteuerungs-System (Steuergerät mit Sensoren und Aktoren) auf Fehlverhalten und Störungen, speichern erkannte Fehler im Datenspeicher ab und leiten gegebenenfalls

Ersatzfunktionen ein. Über die Motorkontrollleuchte oder im Display des Kombiinstruments werden dem Fahrer die Fehler angezeigt. Über eine Diagnoseschnittstelle werden in der Kundendienstwerkstatt System-Testgeräte (z. B. Bosch KTS650) angeschlossen. Sie erlauben das Auslesen der im Steuergerät enthaltenen Informationen zu den abgespeicherten Fehlern.

Ursprünglich sollte die Diagnose nur die Fahrzeuginspektion in der Kundendienstwerkstatt erleichtern. Mit Einführung der kalifornischen Abgasgesetzgebung OBD (On-Board-Diagnose) wurden Diagnosefunktionen vorgeschrieben, die das gesamte Motorsystem auf abgasrelevante Fehler prüfen und diese über die Motorkontrollleuchte anzeigen. Beispiele hierfür sind die Katalysatordiagnose, die λ-Sonden-Diagnose sowie die Aussetzererkennung. Diese Forderungen wurden in die europäische Gesetzgebung (EOBD) in abgewandelter Form übernommen.

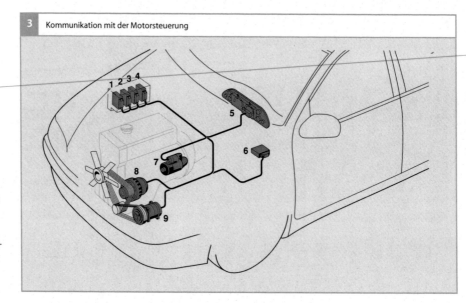

3   Kommunikation mit der Motorsteuerung

Bild 3
1   Motorsteuergerät
2   ESP-Steuergerät (elektronisches Stabilitätsprogramm)
3   Getriebesteuergerät
4   Klimasteuergerät
5   Kombiinstrument mit Bordcomputer
6   Steuergerät für Wegfahrsperre
7   Starter
8   Generator
9   Klimakompressor

Vernetzung im Fahrzeug

Über Bussysteme, wie z. B. den CAN-Bus (Controller Area Network), kann die Motorsteuerung mit den Steuergeräten anderer Fahrzeugsysteme kommunizieren. Bild 3 zeigt hierzu einige Beispiele. Die Steuergeräte können die Daten anderer Systeme in ihren Steuer- und Regelalgorithmen als Eingangssignale verarbeiten. Beispiele sind:

● ESP-Steuergerät: Zur Fahrzeugstabilisierung kann das ESP-Steuergerät eine Drehmomentenreduzierung durch die Motorsteuerung anfordern.

● Getriebesteuergerät: Die Getriebesteuerung kann beim Schaltvorgang eine Drehmomentenreduzierung anfordern, um einen weicheren Schaltvorgang zu ermöglichen.

● Klimasteuergerät: Das Klimasteuergerät liefert an die Motorsteuerung den Leistungsbedarf des Klimakompressors, damit dieser bei der Berechnung des Motormoments berücksichtigt werden kann.

● Kombiinstrument: Die Motorsteuerung liefert an das Kombiinstrument Informationen wie den aktuellen Kraftstoffverbrauch oder die aktuelle Motordrehzahl zur Information des Fahrers.

● Wegfahrsperre: Das Wegfahrsperren-Steuergerät hat die Aufgabe, eine unberechtigte Nutzung des Fahrzeugs zu verhindern. Hierzu wird ein Start der Motorsteuerung durch die Wegfahrsperre so lange blockiert, bis der Fahrer über den Zündschlüssel eine Freigabe erteilt hat und das Wegfahrsperren-Steuergerät den Start freigibt.

Systembeispiele

Die Motorsteuerung umfasst alle Komponenten, die für die Steuerung eines Ottomotors notwendig sind. Der Umfang des Systems wird durch die Anforderungen bezüglich der Motorleistung (z. B. Abgasturboaufladung), des Kraftstoffverbrauchs sowie der jeweils geltenden Abgasgesetzgebung bestimmt. Die kalifornische Abgas- und Diagnosegesetzgebung (CARB) stellt besonders hohe Anforderungen an das Diagnosesystem der Motorsteuerung. Einige abgasrelevante Systeme können nur mithilfe zusätzlicher Komponenten diagnostiziert werden (z. B. das Kraftstoffverdunstungs-Rückhaltesystem).

Im Lauf der Entwicklungsgeschichte entstanden Motorsteuerungs-Generationen (z. B. Bosch M1, M3, ME7, MED17), die sich in erster Linie durch den Hardwareaufbau unterscheiden. Wesentliches Unterscheidungsmerkmal sind die Mikrocontrollerfamilie, die Peripherie- und die Endstufenbausteine (Chipsatz). Aus den Anforderungen verschiedener Fahrzeughersteller ergeben sich verschiedene Hardwarevarianten. Neben den nachfolgend beschriebenen Ausführungen gibt es auch Motorsteuerungs-Systeme mit integrierter Getriebesteuerung (z. B. Bosch MG- und MEG-Motronic). Sie sind aufgrund der hohen Hardware-Anforderungen jedoch nicht verbreitet.

Motorsteuerung mit mechanischer Drosselklappe

Für Ottomotoren mit Saugrohreinspritzung kann die Luftversorgung über eine mechanisch verstellbare Drosselklappe erfolgen. Das Fahrpedal ist über ein Gestänge oder einen Seilzug mit der Drosselklappe verbunden. Die Fahrpedalstellung legt den Öffnungsquerschnitt der Drosselklappe fest und steuert damit den durch das Saugrohr in die Zylinder einströmenden Luftmassenstrom.

4 Komponenten für die elektronische Steuerung und Regelung eines Ottomotors mit Saugrohreinspritzung und elektrisch angesteuerter Drosselklappe

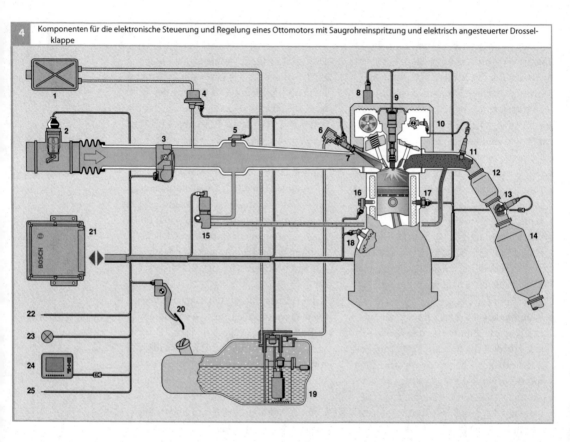

Bild 4

1 Aktivkohlebehälter
2 Heißfilm-Luftmassenmesser
3 elektrisch angesteuerte Drosselklappe
4 Tankentlüftungsventil
5 Saugrohrdrucksensor
6 Kraftstoff-Verteilerrohr
7 Einspritzventil
8 Aktoren und Sensoren für variable Nockenwellensteuerung
9 Zündspule mit Zündkerze
10 Nockenwellen-Phasensensor
11 λ-Sonde vor dem Vorkatalysator
12 Vorkatalysator
13 λ-Sonde nach dem Vorkatalysator

14 Hauptkatalysator
15 Abgasrückführventil
16 Klopfsensor
17 Motortemperatursensor
18 Drehzahlsensor
19 Kraftstofffördermodul mit Elektrokraftstoffpumpe
20 Fahrpedalmodul
21 Motorsteuergerät
22 CAN-Schnittstelle
23 Motorkontrollleuchte
24 Diagnoseschnittstelle
25 Schnittstelle zur Wegfahrsperre

Über einen Leerlaufsteller (Bypass) kann ein definierter Luftmassenstrom an der Drosselklappe vorbeigeführt werden. Mit dieser Zusatzluft kann im Leerlauf die Drehzahl auf einen konstanten Wert geregelt werden. Das Motorsteuergerät steuert hierzu den Öffnungsquerschnitt des Bypasskanals. Dieses System hat für Neuentwicklungen im europäischen und nordamerikanischen Markt keine Bedeutung mehr, es wurde durch Systeme mit elektrisch angesteuerter Drosselklappe abgelöst.

Motorsteuerung mit elektrisch angesteuerter Drosselklappe

Bei aktuellen Fahrzeugen mit Saugrohreinspritzung erfolgt eine elektronische Motorleistungssteuerung. Zwischen Fahrpedal und

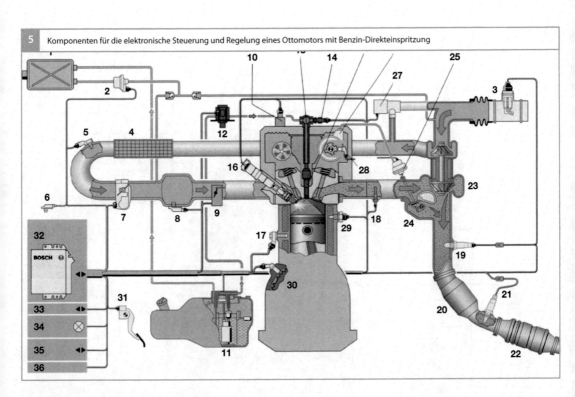

5 Komponenten für die elektronische Steuerung und Regelung eines Ottomotors mit Benzin-Direkteinspritzung

Drosselklappe ist keine mechanische Verbindung mehr vorhanden. Die Stellung des Fahrpedals, d. h. der Fahrerwunsch, wird von einem Potentiometer am Fahrpedal (Pedalwegsensor im Fahrpedalmodul, Bild 4, Pos. 20) erfasst und in Form eines analogen Spannungssignals vom Motorsteuergerät (21) eingelesen. Im Steuergerät werden Signale erzeugt, die den Öffnungsquerschnitt der elektrisch angesteuerten Drosselklappe (3) so einstellen, dass der Verbrennungsmotor das geforderte Drehmoment einstellt.

Motorsteuerung für Benzin-Direkteinspritzung

Mit der Einführung der Direkteinspritzung beim Ottomotor (Benzin-Direkteinspritzung, BDE) wurde ein Steuerungskonzept erforderlich, das verschiedene Betriebsarten in einem Steuergerät koordiniert. Beim Homogenbetrieb wird das Einspritzventil so

Bild 5

1 Aktivkohlebehälter	18 Abgastemperatursensor
2 Tankentlüftungsventil	19 λ-Sonde
3 Heißfilm-Luftmassenmesser	20 Vorkatalysator
4 Ladeluftkühler	21 λ-Sonde
5 kombinierter Ladedruck- und Ansaug-	22 Hauptkatalysator
lufttemperatursensor	23 Abgasturbolader
6 Umgebungsdrucksensor	24 Waste-Gate
7 Drosselklappe	25 Waste-Gate-Steller
8 Saugrohrdrucksensor	26 Vakuumpumpe
9 Ladungsbewegungsklappe	27 Schubumluftventil
10 Nockenwellenversteller	28 Nockenwellen-Phasensensor
11 Kraftstofffördermodul mit Elektrokraft-	29 Motortemperatursensor
stoffpumpe	30 Drehzahlsensor
12 Hochdruckpumpe	31 Fahrpedalmodul
13 Kraftstoffverteilerrohr	32 Motorsteuergerät
14 Hochdrucksensor	33 CAN-Schnittstelle
15 Hochdruck-Einspritzventil	34 Motorkontrollleuchte
16 Zündspule mit Zündkerze	35 Diagnoseschnittstelle
17 Klopfsensor	36 Schnittstelle zur Wegfahrsperre

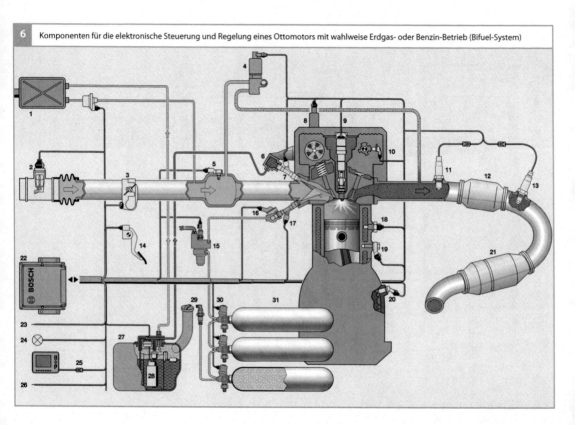

6 Komponenten für die elektronische Steuerung und Regelung eines Ottomotors mit wahlweise Erdgas- oder Benzin-Betrieb (Bifuel-System)

Bild 6

1 Aktivkohlebehälter mit Tankentlüftungsventil
2 Heißfilm-Luftmassenmesser
3 elektrisch angesteuerte Drosselklappe
4 Abgasrückführventil
5 Saugrohrdrucksensor
6 Kraftstoff-Verteilerrohr
7 Benzin-Einspritzventil
8 Aktoren und Sensoren für variable Nockenwellensteuerung
9 Zündspule mit Zündkerze
10 Nockenwellen-Phasensensor
11 λ-Sonde vor dem Vorkatalysator
12 Vorkatalysator
13 λ-Sonde nach dem Vorkatalysator
14 Fahrpedalmodul
15 Erdgas-Druckregler
16 Erdgas-Rail mit Erdgas-Druck- und Temperatursensor

17 Erdgas-Einblasventil
18 Motortemperatursensor
19 Klopfsensor
20 Drehzahlsensor
21 Hauptkatalysator
22 Motorsteuergerät
23 CAN-Schnittstelle
24 Motorkontrollleuchte
25 Diagnoseschnittstelle
26 Schnittstelle zur Wegfahrsperre
27 Kraftstoffbehälter
28 Kraftstofffördermodul mit Elektrokraftstoffpumpe
29 Einfüllstutzen für Benzin und Erdgas
30 Tankabsperrventile
31 Erdgastank

angesteuert, dass sich eine homogene Luft-Kraftstoff-Gemischverteilung im Brennraum ergibt. Dazu wird der Kraftstoff in den Saughub eingespritzt. Beim Schichtbetrieb wird durch eine späte Einspritzung während des Verdichtungshubs, kurz vor der Zündung, eine lokal begrenzte Gemischwolke im Zündkerzenbereich erzeugt.

Seit einigen Jahren finden zunehmend BDE-Konzepte, bei denen der Motor im gesamten Betriebsbereich homogen und stöchiometrisch (mit $\lambda = 1$) betrieben wird, in Verbindung mit Turboaufladung eine immer größere Verbreitung. Bei diesen Konzepten kann der Kraftstoffverbrauch bei vergleichbarer Motorleistung durch eine Verringerung des Hubvolumens (Downsizing) des Motors gesenkt werden.

Beim Schichtbetrieb wird der Motor mit einem mageren Luft-Kraftstoff-Gemisch (bei $\lambda > 1$) betrieben. Hierdurch lässt sich insbesondere im Teillastbereich der Kraftstoffverbrauch verringern. Durch den Magerbetrieb ist bei dieser Betriebsart eine aufwendigere Abgasnachbehandlung zur Reduktion der NO_x-Emissionen notwendig.

Bild 5 zeigt ein Beispiel der Steuerung eines BDE-Systems mit Turboaufladung und stöchiometrischem Homogenbetrieb. Dieses System besitzt ein Hochdruck-Einspritzsystem bestehend aus Hochdruckpumpe mit Mengensteuerventil (12), Kraftstoff-Verteilerrrohr (13) mit Hochdrucksensor (14) und Hochdruck-Einspritzventil (15). Der Kraftstoffdruck wird in Abhängikeit vom Betriebspunkt in Bereichen zwischen 3 und 20 MPa geregelt. Der Ist-Druck wird mit dem Hochdrucksensor erfasst. Die Regelung auf den Sollwert erfolgt durch das Mengensteuerventil.

Motorsteuerung für Erdgas-Systeme

Erdgas, auch CNG (Compressed Natural Gas) genannt, gewinnt aufgrund der günstigen CO_2-Emissionen zunehmend an Bedeutung als Kraftstoffalternative für Ottomotoren. Aufgrund der vergleichsweise geringen Tankstellendichte sind heutige Fahrzeuge überwiegend mit Bifuel-Systemen ausgestattet, die einen Betrieb wahlweise mit Erdgas oder Benzin ermöglichen. Bifuel-Systeme gibt es heute für Motoren mit Saugrohreinspritzung und mit Benzin-Direkteinspritzung.

Die Motorsteuerung für Bifuel-Systeme enthält alle Komponenten für die Saugrohreinspritzung bzw. Benzin-Direkteinspritzung. Zusätzlich enthält diese Motorsteuerung die Komponenten für das Erdgassystem (Bild 6). Während bei Nachrüstsystemen die Steuerung des Erdgasbetriebs über eine externe Einheit vorgenommen

wird, ist sie bei der Bifuel-Motorsteuerung integriert. Das Sollmoment des Motors und die den Betriebszustand charakterisierenden Größen werden im Bifuel-Steuergerät nur einmal gebildet. Durch die physikalisch basierten Funktionen der Momentenstruktur ist eine einfache Integration der für den Gasbetrieb spezifischen Parameter möglich.

Umschaltung der Kraftstoffart
Je nach Motorauslegung kann es sinnvoll sein, bei hoher Lastanforderung automatisch in die Kraftstoffart zu wechseln, die die maximale Motorleistung ermöglicht. Weitere automatische Umschaltungen können darüber hinaus sinnvoll sein, um z. B. eine spezifische Abgasstrategie zu realisieren und den Katalysator schneller aufzuheizen oder generell ein Kraftstoffmanagement durchzuführen. Bei automatischen Umschaltungen ist es jedoch wichtig, dass diese momentenneutral umgesetzt werden, d. h. für den Fahrer nicht wahrnehmbar sind.

Die Bifuel-Motorsteuerung erlaubt den Betriebsstoffwechsel auf verschiedene Arten. Eine Möglichkeit ist der direkte Wechsel, vergleichbar mit einem Schalter. Dabei darf keine Einspritzung abgebrochen werden, sonst bestünde im befeuerten Betrieb die Gefahr von Aussetzern. Die plötzliche Gaseinblasung hat gegenüber dem Benzinbetrieb jedoch eine größere Volumenverdrängung zur Folge, sodass der Saugrohrdruck ansteigt und die Zylinderfüllung durch die Umschaltung um ca. 5 % abnimmt. Dieser Effekt muss durch eine größere Drosselklappenöffnung berücksichtigt werden. Um das Motormoment bei der Umschaltung unter Last konstant zu halten, ist ein zusätzlicher Eingriff auf die Zündwinkel notwendig, der eine schnelle Änderung des Drehmoments ermöglicht.

Eine weitere Möglichkeit der Umschaltung ist die Überblendung von Benzin- zu

Gasbetrieb. Zum Wechsel in den Gasbetrieb wird die Benzineinspritzung durch einen Aufteilungsfaktor reduziert und die Gaseinblasung entsprechend erhöht. Dadurch werden Sprünge in der Luftfüllung vermieden. Zusätzlich ergibt sich die Möglichkeit, eine veränderte Gasqualität mit der λ-Regelung während der Umschaltung zu korrigieren. Mit diesem Verfahren ist die Umschaltung auch bei hoher Last ohne merkbare Momentenänderung durchführbar.

Bei Nachrüstsystemen besteht häufig keine Möglichkeit, die Betriebsarten für Benzin und Erdgas koordiniert zu wechseln. Zur Vermeidung von Momentensprüngen wird deshalb bei vielen Systemen die Umschaltung nur während der Schubphasen durchgeführt.

Systemstruktur

Die starke Zunahme der Komplexität von Motorsteuerungs-Systemen aufgrund neuer Funktionalitäten erfordert eine strukturierte Systembeschreibung. Basis für die bei Bosch verwendete Systembeschreibung ist die Drehmomentstruktur. Alle Drehmomentanforderungen an den Motor werden von der Motorsteuerung als Sollwerte entgegengenommen und zentral koordiniert. Das geforderte Drehmoment wird berechnet und über folgende Stellgrößen eingestellt:
- den Winkel der elektrisch ansteuerbaren Drosselklappe,
- den Zündwinkel,
- Einspritzausblendungen,
- Ansteuern des Waste-Gates bei Motoren mit Abgasturboaufladung,
- die eingespritzte Kraftstoffmenge bei Motoren im Magerbetrieb.

Bild 7 zeigt die bei Bosch für Motorsteuerungs-Systeme verwendete Systemstruktur

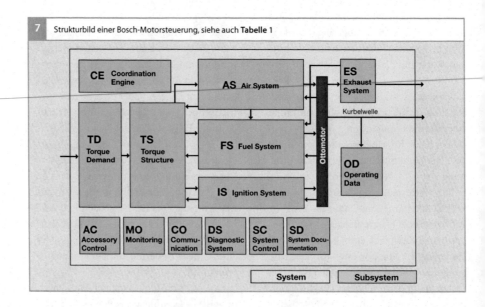

7   Strukturbild einer Bosch-Motorsteuerung, siehe auch **Tabelle 1**

Abkürzung	Englische Bezeichnung	Deutsche Bezeichnung
ABB	Air System Brake Booster	Bremskraftverstärkersteuerung
ABC	Air System Boost Control	Ladedrucksteuerung
AC	Accessory Control	Nebenaggregatesteuerung
ACA	Accessory Control Air Condition	Klimasteuerung
ACE	Accessory Control Electrical Machines	Steuerung elektrische Aggregate
ACF	Accessory Control Fan Control	Lüftersteuerung
ACS	Accessory Control Steering	Ansteuerung Lenkhilfepumpe
ACT	Accessory Control Thermal Management	Thermomanagement
ADC	Air System Determination of Charge	Luftfüllungsberechnung
AEC	Air System Exhaust Gas Recirculation	Abgasrückführungssteuerung
AIC	Air System Intake Manifold Control	Saugrohrsteuerung
AS	Air System	Luftsystem
ATC	Air System Throttle Control	Drosselklappensteuerung
AVC	Air System Valve Control	Ventilsteuerung
CE	Coordination Engine	Koordination Motorbetriebszustände und -arten
CEM	Coordination Engine Operation	Koordination Motorbetriebsarten
CES	Coordination Engine States	Koordination Motorbetriebszustände
CO	Communication	Kommunikation
COS	Communication Security Access	Kommunikation Wegfahrsperre
COU	Communication User-Interface	Kommunikationsschnittstelle
COV	Communication Vehicle Interface	Datenbuskommunikation
DS	Diagnostic System	Diagnosesystem
DSM	Diagnostic System Manager	Diagnosesystemmanager
EAF	Exhaust System Air Fuel Control	λ-Regelung
ECT	Exhaust System Control of Temperature	Abgastemperaturregelung
EDM	Exhaust System Description and Modeling	Beschreibung und Modellierung Abgassystem
ENM	Exhaust System NO_x Main Catalyst	Regelung NO_x-Speicherkatalysator
ES	Exhaust System	Abgassystem
ETF	Exhaust System Three Way Front Catalyst	Regelung Dreiwegevorkatalysator
ETM	Exhaust System Main Catalyst	Regelung Dreiwegehauptkatalysator
FEL	Fuel System Evaporative Leak Detection	Tankleckerkennung
FFC	Fuel System Feed Forward Control	Kraftstoff-Vorsteuerung
FIT	Fuel System Injection Timing	Einspritzausgabe
FMA	Fuel System Mixture Adaptation	Gemischadaption

Tabelle 1
Subsysteme und Hauptfunktionen einer Bosch-Motorsteuerung

Abkürzung	Englische Bezeichnung	Deutsche Bezeichnung
FPC	Fuel Purge Control	Tankentlüftung
FS	Fuel System	Kraftstoffsystem
FSS	Fuel Supply System	Kraftstoffversorgungssystem
IGC	Ignition Control	Zündungssteuerung
IKC	Ignition Knock Control	Klopfregelung
IS	Ignition System	Zündsystem
MO	Monitoring	Überwachung
MOC	Microcontroller Monitoring	Rechnerüberwachung
MOF	Function Monitoring	Funktionsüberwachung
MOM	Monitoring Module	Überwachungsmodul
MOX	Extended Monitoring	Erweiterte Funktionsüberwachung
OBV	Operating Data Battery Voltage	Batteriespannungserfassung
OD	Operating Data	Betriebsdaten
OEP	Operating Data Engine Position Management	Erfassung Drehzahl und Winkel
OMI	Misfire Detection	Aussetzererkennung
OTM	Operating Data Temperature Measurement	Temperaturerfassung
OVS	Operating Data Vehicle Speed Control	Fahrgeschwindigkeitserfassung
SC	System Control	Systemsteuerung
SD	System Documentation	Systembeschreibung
SDE	System Documentation Engine Vehicle ECU	Systemdokumentation Motor, Fahrzeug, Motorsteuerung
SDL	System Documentation Libraries	Systemdokumentation Funktionsbibliotheken
SYC	System Control ECU	Systemsteuerung Motorsteuerung
TCD	Torque Coordination	Momentenkoordination
TCV	Torque Conversion	Momentenumsetzung
TD	Torque Demand	Momentenanforderung
TDA	Torque Demand Auxiliary Functions	Momentenanforderung Zusatzfunktionen
TDC	Torque Demand Cruise Control	Momentenanforderung Fahrgeschwindigkeitsregler
TDD	Torque Demand Driver	Fahrerwunschmoment
TDI	Torque Demand Idle Speed Control	Momentenanforderung Leerlaufdrehzahlregelung
TDS	Torque Demand Signal Conditioning	Momentenanforderung Signalaufbereitung
TMO	Torque Modeling	Motordrehmoment-Modell
TS	Torque Structure	Drehmomentenstruktur

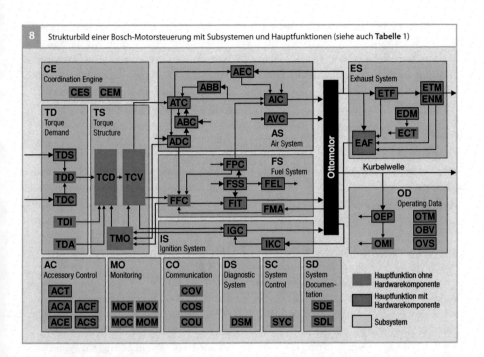

8   Strukturbild einer Bosch-Motorsteuerung mit Subsystemen und Hauptfunktionen (siehe auch **Tabelle** 1)

mit den verschiedenen Subsystemen. Die einzelnen Blöcke und Bezeichnungen (vgl. Tabelle 1) werden im Folgenden näher erläutert.

In Bild 7 ist die Motorsteuerung als System bezeichnet. Als Subsystem werden die verschiedenen Bereiche innerhalb des Systems bezeichnet. Einige Subsysteme sind im Steuergerät rein softwaretechnisch ausgebildet (z. B. die Drehmomentstruktur), andere Subsysteme enthalten auch Hardware-Komponenten (z. B. das Kraftstoffsystem mit den Einspritzventilen). Die Subsysteme sind durch definierte Schnittstellen miteinander verbunden.

Durch die Systemstruktur wird die Motorsteuerung aus der Sicht des funktionalen Ablaufs beschrieben. Das System umfasst das Steuergerät (mit Hardware und Software) sowie externe Komponenten (Aktoren, Sensoren und mechanische Komponenten), die mit dem Steuergerät elektrisch verbunden sein können. Die Systemstruktur (Bild 8)

gliedert dieses System nach funktionalen Kriterien hierarchisch in 14 Subsysteme (z. B. Luftsystem, Kraftstoffsystem), die wiederum in ca. 70 Hauptfunktionen (z. B. Ladedruckregelung, λ-Regelung) unterteilt sind (Tabelle 1).

Seit Einführung der Drehmomentstruktur werden die Drehmomentanforderungen an den Motor in den Subsystemen *Torque Demand* und *Torque Structure* zentral koordiniert. Die Füllungssteuerung durch die elektrisch verstellbare Drosselklappe ermöglicht das Einstellen der vom Fahrer über das Fahrpedal vorgegebenen Drehmomentanforderung (Fahrerwunsch). Gleichzeitig können alle zusätzlichen Drehmomentanforderungen, die sich aus dem Fahrbetrieb ergeben (z. B. beim Zuschalten des Klimakompressors), in der Drehmomentstruktur koordiniert werden. Die Momentenkoordination ist mittlerweile so strukturiert, dass sowohl Benzin- als auch Dieselmotoren damit betrieben werden können.

Subsysteme und Hauptfunktionen

Im Folgenden wird ein Überblick über die wesentlichen Merkmale der in einer Motorsteuerung implementierten Hauptfunktionen gegeben.

System Documentation

Unter *System Documentation* (SD) sind die technischen Unterlagen zur Systembeschreibung zusammengefasst (z. B. Steuergerätebeschreibung, Motor- und Fahrzeugdaten sowie Konfigurationsbeschreibungen).

System Control

Im Subsystem *System Control* (SC, Systemsteuerung) sind die den Rechner steuernden Funktionen zusammengefasst. In der Hauptfunktion *System Control ECU* (SYC, Systemzustandssteuerung), werden die Zustände des Mikrocontrollers beschrieben:

- Initialisierung (Systemhochlauf),
- Running State (Normalzustand, hier werden die Hauptfunktionen abgearbeitet),
- Steuergerätenachlauf (z. B. für Lüfternachlauf oder Hardwaretest).

Coordination Engine

Im Subsystem *Coordination Engine (CE)* werden sowohl der Motorstatus als auch die Motor-Betriebsdaten koordiniert. Dies erfolgt an zentraler Stelle, da abhängig von dieser Koordination viele weitere Funktionalitäten im gesamten System der Motorsteuerung betroffen sind. Die Hauptfunktion *Coordination Engine States* (CES, Koordination Motorstatus), beinhaltet sowohl die verschiedenen Motorzustände wie Start, laufender Betrieb und abgestellter Motor als auch Koordinationsfunktionen für Start-Stopp-Systeme und zur Einspritzaktivierung (Schubabschalten, Wiedereinsetzen).

In der Hauptfunktion *Coordination Engine Operation* (CEM, Koordination Motorbetriebsdaten) werden die Betriebsarten für die Benzin-Direkteinspritzung koordiniert und umgeschaltet. Zur Bestimmung der Soll-Betriebsart werden die Anforderungen unterschiedlicher Funktionalitäten unter Berücksichtigung von festgelegten Prioritäten im Betriebsartenkoordinator koordiniert.

Torque Demand

In der betrachteten Systemstruktur werden alle Drehmomentanforderungen an den Motor konsequent auf Momentenebene koordiniert. Das Subsystem *Torque Demand (TD)* erfasst alle Drehmomentanforderungen und stellt sie dem Subsystem *Torque Structure (TS)* als Eingangsgrößen zur Verfügung (Bild 8).

Die Hauptfunktion *Torque Demand Signal Conditioning* (TDS, Momentenanforderung Signalaufbereitung), beinhaltet im Wesentlichen die Erfassung der Fahrpedalstellung. Sie wird mit zwei unabhängigen Winkelsensoren erfasst und in einen normierten Fahrpedalwinkel umgerechnet. Durch verschiedene Plausibilitätsprüfungen wird dabei sichergestellt, dass bei einem Einfachfehler der normierte Fahrpedalwinkel keine höheren Werte annehmen kann, als es der tatsächlichen Fahrpedalstellung entspricht.

Die Hauptfunktion *Torque Demand Driver* (TDD, Fahrerwunsch), berechnet aus der Fahrpedalstellung einen Sollwert für das Motordrehmoment. Darüber hinaus wird die Fahrpedalcharakteristik festgelegt.

Die Hauptfunktion *Torque Demand Cruise Control* (TDC, Fahrgeschwindigkeitsregler) hält die Geschwindigkeit des Fahrzeugs in Abhängigkeit von der über eine Bedieneinrichtung eingestellte Sollgeschwindigkeit bei nicht betätigtem Fahrpedal konstant, sofern dies im Rahmen des einstellbaren Motordrehmoments möglich ist. Zu den wichtigsten Abschaltbedingungen dieser Funktion zählen die Betätigung der „Aus-Taste" an der Bedieneinrichtung, die Betätigung von

Bremse oder Kupplung sowie die Unterschreitung der erforderlichen Minimalgeschwindigkeit.

Die Hauptfunktion *Torque Demand Idle Speed Control* (TDI, Leerlaufdrehzahlregelung) regelt die Drehzahl des Motors bei nicht betätigtem Fahrpedal auf die Leerlaufdrehzahl ein. Der Sollwert der Leerlaufdrehzahl wird so vorgegeben, dass stets ein stabiler und ruhiger Motorlauf gewährleistet ist. Dementsprechend wird der Sollwert bei bestimmten Betriebsbedingungen (z. B. bei kaltem Motor) gegenüber der Nennleerlaufdrehzahl erhöht. Erhöhungen sind auch zur Unterstützung des Katalysator-Heizens, zur Leistungssteigerung des Klimakompressors oder bei ungenügender Ladebilanz der Batterie möglich. Die Hauptfunktion *Torque Demand Auxiliary Functions* (TDA, Drehmomente intern) erzeugt interne Momentenbegrenzungen und -anforderungen (z. B. zur Drehzahlbegrenzung oder zur Dämpfung von Ruckelschwingungen).

Torque Structure
Im Subsystem *Torque Structure* (TS, Drehmomentstruktur, Bild 8) werden alle Drehmomentanforderungen koordiniert. Das Drehmoment wird dann vom Luft-, Kraftstoff- und Zündsystem eingestellt. Die Hauptfunktion *Torque Coordination* (TCD, Momentenkoordination) koordiniert alle Drehmomentanforderungen. Die verschiedenen Anforderungen (z. B. vom Fahrer oder von der Drehzahlbegrenzung) werden priorisiert und abhängig von der aktuellen Betriebsart in Drehmoment-Sollwerte für die Steuerpfade umgerechnet.

Die Hauptfunktion *Torque Conversion* (TCV, Momentenumsetzung), berechnet aus den Sollmoment-Eingangsgrößen die Sollwerte für die relative Luftmasse, das Luftverhältnis λ und den Zündwinkel sowie die Einspritzausblendung (z. B. für das Schubabschalten). Der Luftmassensollwert wird so berechnet, dass sich das geforderte Drehmoment des Motors in Abhängigkeit vom applizierten Luftverhältnis λ und dem applizierten Basiszündwinkel einstellt.

Die Hauptfunktion *Torque Modelling* (TMO, Momentenmodell Drehmoment) berechnet aus den aktuellen Werten für Füllung, Luftverhältnis λ, Zündwinkel, Reduzierstufe (bei Zylinderabschaltung) und Drehzahl ein theoretisch optimales indiziertes Drehmoment des Motors. Das indizierte Moment ist dabei das Drehmoment, das sich aufgrund des auf den Kolben wirkenden Gasdrucks ergibt. Das tatsächliche Moment ist aufgrund von Verlusten geringer als das indizierte Moment. Mittels einer Wirkungsgradkette wird ein indiziertes Ist-Drehmoment gebildet. Die Wirkungsgradkette beinhaltet drei verschiedene Wirkungsgrade: den Ausblendwirkungsgrad (proportional zu der Anzahl der befeuerten Zylinder), den Zündwinkelwirkungsgrad (ergibt sich aus der Verschiebung des Ist-Zündwinkels vom optimalen Zündwinkel) und den λ-Wirkungsgrad (ergibt sich aus der Wirkungsgradkennlinie als Funktion des Luftverhältnisses λ).

Air System
Im Subsystem *Air System* (AS, Luftsystem, Bild 8) wird die für das umzusetzende Moment benötigte Füllung eingestellt. Darüber hinaus sind Abgasrückführung, Ladedruckregelung, Saugrohrumschaltung, Ladungsbewegungssteuerung und Ventilsteuerung Teil des Luftsystems.

In der Hauptfunktion *Air System Throttle Control* (ATC, Drosselklappensteuerung) wird aus dem Soll-Luftmassenstrom die Sollposition für die Drosselklappe gebildet, die den in das Saugrohr einströmenden Luftmassenstrom bestimmt.

Die Hauptfunktion *Air System Determination of Charge* (ADC, Luftfüllungsberechnung) ermittelt mithilfe der zur Verfügung stehenden Lastsensoren die aus Frischluft und Inertgas bestehende Zylinderfüllung. Aus den Luftmassenströmen werden die Druckverhältnisse im Saugrohr mit einem Saugrohrdruckmodell modelliert.

Die Hauptfunktion *Air System Intake Manifold Control* (AIC, Saugrohrsteuerung) berechnet die Sollstellungen für die Saugrohr- und die Ladungsbewegungsklappe.

Der Unterdruck im Saugrohr ermöglicht die Abgasrückführung, die in der Hauptfunktion *Air System Exhaust Gas Recirculation* (AEC, Abgasrückführungssteuerung) berechnet und eingestellt wird.

Die Hauptfunktion *Air System Valve Control* (AVC, Ventilsteuerung) berechnet die Sollwerte für die Einlass- und die Auslassventilpositionen und stellt oder regelt diese ein. Dadurch kann die Menge des intern zurückgeführten Restgases beeinflusst werden.

Die Hauptfunktion *Air System Boost Control* (ABC, Ladedrucksteuerung) übernimmt die Berechnung des Ladedrucks für Motoren mit Abgasturboaufladung und stellt die Stellglieder für dieses System.

Motoren mit Benzin-Direkteinspritzung werden teilweise im unteren Lastbereich mit Schichtladung ungedrosselt gefahren. Im Saugrohr herrscht damit annähernd Umgebungsdruck. Die Hauptfunktion *Air System Brake Booster* (ABB, Bremskraftverstärkersteuerung) sorgt durch Anforderung einer Androsselung dafür, dass im Bremskraftverstärker immer ausreichend Unterdruck herrscht.

Fuel System

Im Subsystem *Fuel System* (FS, Kraftstoffsystem, **Bild 8**) werden kurbelwellensynchron die Ausgabegrößen für die Einspritzung berechnet, also die Zeitpunkte der Einspritzungen und die Menge des einzuspritzenden Kraftstoffs.

Die Hauptfunktion *Fuel System Feed Forward Control* (FFC, Kraftstoff-Vorsteuerung) berechnet die aus der Soll-Füllung, dem

λ-Sollwert, additiven Korrekturen (z. B. Übergangskompensation) und multiplikativen Korrekturen (z. B. Korrekturen für Start, Warmlauf und Wiedereinsetzen) die Soll-Kraftstoffmasse. Weitere Korrekturen kommen von der λ-Regelung, der Tankentlüftung und der Luft-Kraftstoff-Gemischadaption. Bei Systemen mit Benzin-Direkteinspritzung werden für die Betriebsarten spezifische Werte berechnet (z. B. Einspritzung in den Ansaugtakt oder in den Verdichtungstakt, Mehrfacheinspritzung).

Die Hauptfunktion *Fuel System Injection Timing* (FIT, Einspritzausgabe) berechnet die Einspritzdauer und die Kurbelwinkelposition der Einspritzung und sorgt für die winkelsynchrone Ansteuerung der Einspritzventile. Die Einspritzzeit wird auf der Basis der zuvor berechneten Kraftstoffmasse und Zustandsgrößen (z. B. Saugrohrdruck, Batteriespannung, Raildruck, Brennraumdruck) berechnet.

Die Hauptfunktion *Fuel System Mixture Adaptation* (FMA, Gemischadaption), verbessert die Vorsteuergenauigkeit des λ-Werts durch Adaption längerfristiger Abweichungen des λ-Reglers vom Neutralwert. Bei kleinen Füllungen wird aus der Abweichung des λ-Reglers ein additiver Korrekturterm gebildet, der bei Systemen mit Heißfilm-Luftmassenmesser (HFM) in der Regel kleine Saugrohrleckagen widerspiegelt oder bei Systemen mit Saugrohrdrucksensor den Restgas- und den Offset-Fehler des Drucksensors ausgleicht. Bei größeren Füllungen wird ein multiplikativer Korrekturfaktor ermittelt, der im Wesentlichen Steigungsfehler des Heißfilm-Luftmassenmessers, Abweichungen des Raildruckreglers (bei Systemen mit Direkteinspritzung) und Kennlinien-Steigungsfehler der Einspritzventile repräsentiert.

Die Hauptfunktion *Fuel Supply System* (FSS, Kraftstoffversorgungssystem) hat die Aufgabe, den Kraftstoff aus dem Kraftstoffbehälter in der geforderten Menge und mit dem vorgegebenen Druck in das Kraftstoffverteilerrohr zu fördern. Der Druck kann bei bedarfsgesteuerten Systemen zwischen 200 und 600 kPa geregelt werden, die Rückmeldung des Ist-Werts geschieht über einen Drucksensor. Bei der Benzin-Direkteinspritzung enthält das Kraftstoffversorgungssystem zusätzlich einen Hochdruckkreis mit der Hochdruckpumpe und dem Drucksteuerventil oder der bedarfsgesteuerten Hochdruckpumpe mit Mengensteuerventil. Damit kann im Hochdruckkreis der Druck abhängig vom Betriebspunkt variabel zwischen 3 und 20 MPa geregelt werden. Die Sollwertvorgabe wird betriebspunktabhängig berechnet, der Ist-Druck über einen Hochdrucksensor erfasst.

Die Hauptfunktion *Fuel System Purge Control* (FPC, Tankentlüftung) steuert während des Motorbetriebs die Regeneration des im Tank verdampften und im Aktivkohlebehälter des Kraftstoffverdunstungs-Rückhaltesystems gesammelten Kraftstoffs. Basierend auf dem ausgegebenen Tastverhältnis zur Ansteuerung des Tankentlüftungsventils und den Druckverhältnissen wird ein Istwert für den Gesamt-Massenstrom über das Ventil berechnet, der in der Drosselklappensteuerung (ATC) berücksichtigt wird. Ebenso wird ein Ist-Kraftstoffanteil ausgerechnet, der von der Soll-Kraftstoffmasse subtrahiert wird.

Die Hauptfunktion *Fuel System Evaporation Leakage Detection* (FEL, Tankleckerkennung) prüft die Dichtheit des Tanksystems gemäß der kalifornischen OBD-II-Gesetzgebung.

Ignition System
Im *Subsystem Ignition System* (IS, Zündsystem, Bild 8) werden die Ausgabegrößen für die Zündung berechnet und die Zündspulen angesteuert.

Die Hauptfunktion *Ignition Control* (IGC, Zündung) ermittelt aus den Betriebsbedingungen des Motors und unter Berücksichtigung von Eingriffen aus der Momentenstruktur den aktuellen Soll-Zündwinkel und erzeugt zum gewünschten Zeitpunkt einen Zündfunken an der Zündkerze. Der resultierende Zündwinkel wird aus dem Grundzündwinkel und betriebspunktabhängigen Zündwinkelkorrekturen und Anforderungen berechnet. Bei der Bestimmung des drehzahl- und lastabhängigen Grundzündwinkels wird – falls vorhanden – auch der Einfluss einer Nockenwellenverstellung, einer Ladungsbewegungsklappe, einer Zylinderbankaufteilung sowie spezieller BDE-Betriebsarten berücksichtigt. Zur Berechnung des frühest möglichen Zündwinkels wird der Grundzündwinkel mit den Verstellwinkeln für Motorwarmlauf, Klopfregelung und – falls vorhanden – Abgasrückführung korrigiert. Aus dem aktuellen Zündwinkel und der notwendigen Ladezeit der Zündspule wird der Einschaltzeitpunkt der Zündungsendstufe berechnet und entsprechend angesteuert.

Die Hauptfunktion *Ignition System Knock Control* (IKC, Klopfregelung) betreibt den Motor wirkungsgradoptimiert an der Klopfgrenze, verhindert aber motorschädigendes Klopfen. Der Verbrennungsvorgang in allen Zylindern wird mittels Klopfsensoren überwacht. Das erfasste Körperschallsignal der Sensoren wird mit einem Referenzpegel verglichen, der über einen Tiefpass zylinderselektiv aus den letzten Verbrennungen gebildet wird. Der Referenzpegel stellt damit das Hintergrundgeräusch des Motors für den klopffreien Betrieb dar. Aus dem Vergleich lässt sich ableiten, um wie viel lauter die aktuelle Verbrennung gegenüber dem Hintergrundgeräusch war. Ab einer bestimmten Schwelle wird Klopfen erkannt. Sowohl bei der Referenzpegelberechnung als auch bei der Klopferkennung können geänderte Betriebsbedingungen (Motordrehzahl, Drehzahldynamik, Lastdynamik) berücksichtigt werden.

Die Klopfregelung gibt – für jeden einzelnen Zylinder – einen Differenzzündwinkel zur Spätverstellung aus, der bei der Berechnung des aktuellen Zündwinkels berücksichtigt wird. Bei einer erkannten klopfenden Verbrennung wird dieser Differenzzündwinkel um einen applizierbaren Betrag vergrößert. Die Zündwinkel-Spätverstellung wird anschließend in kleinen Schritten wieder zurückgenommen, wenn über einen applizierbaren Zeitraum keine klopfende Verbrennung auftritt. Bei einem erkannten Fehler in der Hardware wird eine Sicherheitsmaßnahme (Sicherheitsspätverstellung) aktiviert.

Exhaust System

Das Subsystem *Exhaust System* (ES, Abgassystem) greift in die Luft-Kraftstoff-Gemischbildung ein, stellt dabei das Luftverhältnis λ ein und steuert den Füllzustand der Katalysatoren.

Die Hauptaufgaben der Hauptfunktion *Exhaust System Description and Modelling* (EDM, Beschreibung und Modellierung des Abgassystems) sind vornehmlich die Modellierung physikalischer Größen im Abgastrakt, die Signalauswertung und die Diagnose der Abgastemperatursensoren (sofern vorhanden) sowie die Bereitstellung von Kenngrößen des Abgassystems für die Testerausgabe. Die physikalischen Größen, die modelliert werden, sind Temperatur (z. B. für Bauteileschutz), Druck (primär für Restgaserfassung) und Massenstrom (für λ-Regelung und Katalysatordiagnose). Daneben wird das Luftverhältnis des Abgases bestimmt (für NO_x-Speicherkatalysator-Steuerung und -Diagnose).

Das Ziel der Hauptfunktion *Exhaust System Air Fuel Control* (EAF, λ-Regelung) mit

der λ-Sonde vor dem Vorkatalysator ist, das λ auf einen vorgegebenen Sollwert zu regeln, um Schadstoffe zu minimieren, Drehmomentschwankungen zu vermeiden und die Magerlaufgrenze einzuhalten. Die Eingangssignale aus der λ-Sonde hinter dem Hauptkatalysator erlauben eine weitere Minimierung der Emissionen.

Die Hauptfunktion *Exhaust System Three-Way Front Catalyst* (ETF, Steuerung und Regelung des Dreiwegevorkatalysators) verwendet die λ-Sonde hinter dem Vorkatalysator (sofern vorhanden). Deren Signal dient als Grundlage für die Führungsregelung und Katalysatordiagnose. Diese Führungsregelung kann die Luft-Kraftstoff-Gemischregelung wesentlich verbessern und damit ein bestmögliches Konvertierungsverhalten des Katalysators ermöglichen.

Die Hauptfunktion *Exhaust System Three-Way Main Catalyst* (ETM, Steuerung und Regelung des Dreiwegehauptkatalysators) arbeitet im Wesentlichen gleich wie die zuvor beschriebene Hauptfunktion ETF. Die Führungsregelung wird dabei an die jeweilige Katalysatorkonfiguration angepasst.

Die Hauptfunktion *Exhaust System NO_x Main Catalyst* (ENM, Steuerung und Regelung des NO_x-Speicherkatalysators) hat bei Systemen mit Magerbetrieb und NO_x-Speicherkatalysator die Aufgabe, die NO_x-Emissionsvorgaben durch eine an die Erfordernisse des Speicherkatalysators angepasste Regelung des Luft-Kraftstoff-Gemischs einzuhalten.

In Abhängigkeit vom Zustand des Katalysators wird die NO_x-Einspeicherphase beendet und in einen Motorbetrieb mit $\lambda < 1$ übergegangen, der den NO_x-Speicher leert und die gespeicherten NO_x-Emissionen zu N_2 umsetzt.

Die Regenerierung des NO_x-Speicherkatalysators wird in Abhängigkeit vom Sprungsignal der Sonde hinter dem NO_x-Speicherkatalysator beendet. Bei Systemen mit NO_x-Speicherkatalysator sorgt das Umschalten in einen speziellen Modus für die Entschwefelung des Katalysators.

Die Hauptfunktion *Exhaust System Control of Temperature* (ECT, Abgastemperaturregelung) steuert die Temperatur des Abgastrakts mit dem Ziel, das Aufheizen der Katalysatoren nach dem Motorstart zu beschleunigen, das Auskühlen der Katalysatoren im Betrieb zu verhindern, den NO_x-Speicherkatalysator (falls vorhanden) für die Entschwefelung aufzuheizen und eine thermische Schädigung der Komponenten im Abgassystem zu verhindern. Die Temperaturerhöhung wird z. B. durch eine Verstellung des Zündwinkels in Richtung spät vorgenommen. Im Leerlauf kann der Wärmestrom auch durch eine Anhebung der Leerlaufdrehzahl erhöht werden.

Operating Data
Im Subsystem *Operating Data* (OD, Betriebsdaten) werden alle für den Motorbetrieb wichtigen Betriebsparameter erfasst, plausibilisiert und gegebenenfalls Ersatzwerte bereitgestellt.

Die Hauptfunktion *Operating Data Engine Position Management* (OEP, Winkel- und Drehzahlerfassung) berechnet aus den aufbereiteten Eingangssignalen des Kurbelwellen- und Nockenwellensensors die Position der Kurbel- und der Nockenwelle. Aus diesen Informationen wird die Motordrehzahl berechnet. Aufgrund der Bezugsmarke auf dem Kurbelwellengeberrad (zwei fehlende Zähne) und der Charakteristik des Nockenwellensignals erfolgt die Synchronisation zwischen der Motorposition und dem Steuergerät sowie die Überwachung der Synchronisation im laufenden Betrieb. Zur Optimierung der Startzeit wird das Muster des Nockenwellensignals und die Motorabstellposition ausgewertet. Dadurch ist eine schnelle Synchronisation möglich.

Die Hauptfunktion *Operating Data Temperature Measurement* (OTM, Temperaturerfassung) verarbeitet die von Temperatursensoren zur Verfügung gestellten Messsignale, führt eine Plausibilisierung durch und stellt im Fehlerfall Ersatzwerte bereit. Neben der Motor- und der Ansauglufttemperatur werden optional auch die Umgebungstemperatur und die Motoröltemperatur erfasst. Mit anschließender Kennlinienumrechnung wird den eingelesenen Spannungswerten ein Temperaturmesswert zugewiesen.

Die Hauptfunktion *Operating Data Battery Voltage* (OBV, Batteriespannungserfassung) ist für die Bereitstellung der Versorgungsspannungssignale und deren Diagnose zuständig. Die Erfassung des Rohsignals erfolgt über die Klemme 15 und gegebenenfalls über das Hauptrelais.

Die Hauptfunktion *Misfire Detection Irregular Running* (OMI, Aussetzererkennung) überwacht den Motor auf Zünd- und Verbrennungsaussetzer.

Die Hauptfunktion *Operating Data Vehicle Speed* (OVS, Erfassung Fahrzeuggeschwindigkeit) ist für die Erfassung, Aufbereitung und Diagnose des Fahrgeschwindigkeitssignals zuständig. Diese Größe wird u. a. für die Fahrgeschwindigkeitsregelung, die Geschwindigkeitsbegrenzung und beim Handschalter für die Gangerkennung benötigt. Je nach Konfiguration besteht die Möglichkeit, die vom Kombiinstrument bzw. vom ABS- oder vom ESP-Steuergerät über den CAN gelieferten Größen zu verwenden.

Communication
Im Subsystem *Communication (CO, Kommunikation)* werden sämtliche Motorsteuerungs-Hauptfunktionen zusammengefasst, die mit anderen Systemen kommunizieren.

Die Hauptfunktion *Communication User Interface* (COU, Kommunikationsschnittstelle) stellt die Verbindung mit Diagnose- (z. B. Motortester) und Applikationsgeräten her.

Die Kommunikation erfolgt über die CAN-Schnittstelle oder die K-Leitung. Für die verschiedenen Anwendungen stehen unterschiedliche Kommunikationsprotokolle zur Verfügung (z. B. KWP 2000, McMess).

Die Hauptfunktion *Communication Vehicle Interface* (COV, Datenbuskommunikation) stellt die Kommunikation mit anderen Steuergeräten, Sensoren und Aktoren sicher.

Die Hauptfunktion *Communication Security Access (COS, Kommunikation Wegfahrsperre)* baut die Kommunikation mit der Wegfahrsperre auf und ermöglicht – optional – die Zugriffssteuerung für eine Umprogrammierung des Flash-EPROM.

Accessory Control
Das Subsystem *Accessory Control* (AC) steuert die Nebenaggregate.

Die Hauptfunktion *Accessory Control Air Condition* (ACA, Klimasteuerung) regelt die Ansteuerung des Klimakompressors und wertet das Signal des Drucksensors in der Klimaanlage aus. Der Klimakompressor wird eingeschaltet, wenn z. B. über einen Schalter eine Anforderung vom Fahrer oder vom Klimasteuergerät vorliegt. Dieses meldet der Motorsteuerung, dass der Klimakompressor eingeschaltet werden soll. Kurze Zeit danach wird er eingeschaltet und der Leistungsbedarf des Klimakompressors wird durch die Drehmomentstruktur bei der Bestimmung des Soll-Drehmoments des Motors berücksichtigt.

Die Hauptfunktion *Accessory Control Fan Control* (ACF, Lüftersteuerung) steuert den Lüfter bedarfsgerecht an und erkennt Fehler am Lüfter und an der Ansteuerung. Wenn der Motor nicht läuft, kann es bei Bedarf einen Lüfternachlauf geben.

Die Hauptfunktion *Accessory Control Thermal Management* (ACT, Thermomanagement) regelt die Motortemperatur in Abhängigkeit des Betriebszustands des Mo-

tors. Die Soll-Motortemperatur wird in Abhängigkeit der Motorleistung, der Fahrgeschwindigkeit, des Betriebszustands des Motors und der Umgebungstemperatur ermittelt, damit der Motor schneller seine Betriebstemperatur erreicht und dann ausreichend gekühlt wird. In Abhängigkeit des Sollwerts wird der Kühlmittelvolumenstrom durch den Kühler berechnet und z. B. ein Kennfeldthermostat angesteuert.

Die Hauptfunktion *Accessory Control Electrical Machines* (ACE) ist für die Ansteuerung der elektrischen Aggregate (Starter, Generator) zuständig.

Aufgabe der Hauptfunktion *Accessory Control Steering* (ACS) ist die Ansteuerung der Lenkhilfepumpe.

Monitoring
Das Subsystem *Monitoring* (MO) dient zur Überwachung des Motorsteuergeräts.

Die Hauptfunktion *Function Monitoring* (MOF, Funktionsüberwachung) überwacht alle drehmoment- und drehzahlbestimmenden Elemente der Motorsteuerung. Zentraler Bestandteil ist der Momentenvergleich, der das aus dem Fahrerwunsch errechnete zulässige Moment mit dem aus den Motorgrößen berechneten Ist-Moment vergleicht. Bei zu großem Ist-Moment wird durch geeignete Maßnahmen ein beherrschbarer Zustand sichergestellt.

In der Hauptfunktion *Monitoring Module* (MOM, Überwachungsmodul) sind alle Überwachungsfunktionen zusammengefasst, die zur gegenseitigen Überwachung von Funktionsrechner und Überwachungsmodul beitragen oder diese ausführen. Funktionsrechner und Überwachungsmodul sind Bestandteil des Steuergeräts. Ihre gegenseitige Überwachung erfolgt durch eine ständige Frage-und-Antwort-Kommunikation.

In der Hauptfunktion *Microcontroller Monitoring* (MOC, Rechnerüberwachung) sind

alle Überwachungsfunktionen zusammenge-
fasst, die einen Defekt oder eine Fehlfunkti-
on des Rechnerkerns mit Peripherie erken-
nen können. Beispiele hierfür sind:
- Analog-Digital-Wandler-Test,
- Speichertest für RAM und ROM,
- Programmablaufkontrolle,
- Befehlstest.

Die Hauptfunktion *Extended Monitoring*
(MOX) beinhaltet Funktionen zur erweiter-
ten Funktionsüberwachung. Diese legen das
plausible Maximaldrehmoment fest, das der
Motor abgeben kann.

Diagnostic System
Die Komponenten- sowie System-Diagnose
wird in den Hauptfunktionen der Subsysteme durchgeführt. Das *Diagnostic System*
(DS, Diagnosesystem) übernimmt die Koordination der verschiedenen Diagnoseergeb-
nisse.
  Aufgabe des *Diagnostic System Manager*
(DSM) ist es,
- die Fehler zusammen mit den Umweltbedingungen zu speichern,
- die Motorkontrollleuchte anzusteuern,
- die Testerkommunikation aufzubauen,
- den Ablauf der verschiedenen Diagnosefunktionen zu koordinieren (Prioritäten
  und Sperrbedingungen beachten) und
  Fehler zu bestätigen.

Diagnose

Die Zunahme der Elektronik im Kraftfahrzeug, die Nutzung von Software zur Steuerung des Fahrzeugs und die erhöhte Komplexität moderner Einspritzsysteme stellen hohe Anforderungen an das Diagnosekonzept, die Überwachung im Fahrbetrieb (On-Board-Diagnose) und die Werkstattdiagnose. Basis der Werkstattdiagnose ist die geführte Fehlersuche, die verschiedene Möglichkeiten von Onboard- und Offboard-Prüfmethoden und Prüfgeräten verknüpft. Im Zuge der Verschärfung der Abgasgesetzgebung und der Forderung nach laufender Überwachung hat auch der Gesetzgeber die On-Board-Diagnose als Hilfsmittel zur Abgasüberwachung erkannt und eine herstellerunabhängige Standardisierung geschaffen. Dieses zusätzlich installierte System wird OBD-System (On Board Diagnostic System) genannt.

Überwachung im Fahrbetrieb – On-Board-Diagnose

Übersicht

Die im Steuergerät integrierte Diagnose gehört zum Grundumfang elektronischer Motorsteuerungssysteme. Neben der Selbstprüfung des Steuergeräts werden Ein- und Ausgangssignale sowie die Kommunikation der Steuergeräte untereinander überwacht. Überwachungsalgorithmen überprüfen während des Betriebs die Eingangs- und Ausgangssignale sowie das Gesamtsystem mit allen relevanten Funktionen auf Fehlverhalten und Störung. Die dabei erkannten Fehler werden im Fehlerspeicher des Steuergeräts abgespeichert. Bei der Fahrzeuginspektion in der Kundendienstwerkstatt werden die gespeicherten Informationen über eine Schnittstelle ausgelesen und ermöglichen so eine schnelle und sichere Fehlersuche und Reparatur.

Überwachung der Eingangssignale

Die Sensoren, Steckverbinder und Verbindungsleitungen (im Signalpfad) zum Steuergerät (Bild 1) werden anhand der ausgewerteten Eingangssignale überwacht. Mit diesen Überprüfungen können neben Sensorfehlern auch Kurzschlüsse zur Batteriespannung U_B und zur Masse sowie Leitungsunterbrechungen festgestellt werden. Hierzu werden folgende Verfahren angewandt:

- Überwachung der Versorgungsspannung des Sensors (falls vorhanden),
- Überprüfung des erfassten Wertes auf den zulässigen Wertebereich (z. B. 0,5…4,5 V),
- Plausibilitätsprüfung der gemessenen Werte mit Modellwerten (Nutzung analytischer Redundanz),
- Plausibilitätsprüfung der gemessenen Werte eines Sensors durch direkten Vergleich mit Werten eines zweiten Sensors (Nutzung physikalischer Redundanz, z. B. bei wichtigen Sensoren wie dem Fahrpedalsensor).

Überwachung der Ausgangssignale

Die vom Steuergerät über Endstufen angesteuerten Aktoren (Bild 1) werden überwacht. Mit den Überwachungsfunktionen werden neben Aktorfehlern auch Leitungsunterbrechungen und Kurzschlüsse erkannt. Hierzu werden folgende Verfahren angewandt: Einerseits erfolgt die Überwachung des Stromkreises eines Ausgangssignals durch die Endstufe. Der Stromkreis wird auf Kurzschlüsse zur Batteriespannung U_B, zur Masse und auf Unterbrechung überwacht. Andererseits werden die Systemauswirkungen des Aktors direkt oder indirekt durch eine Funktions- oder Plausibilitätsüberwachung erfasst. Die Aktoren des Systems, z. B. das Abgasrückführventil, die Drosselklappe oder die Drallklappe, werden indirekt über die Regelkreise (z. B. auf permanente Regelabweichung) und teilweise zusätzlich über

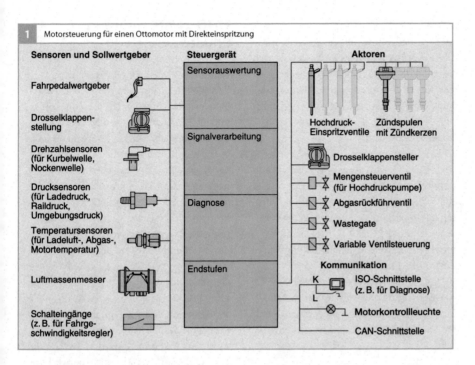

1 Motorsteuerung für einen Ottomotor mit Direkteinspritzung

Sensoren und Sollwertgeber

Fahrpedalwertgeber

Drosselklappen-
stellung

Drehzahlsensoren
(für Kurbelwelle,
Nockenwelle)

Drucksensoren
(für Ladedruck,
Raildruck,
Umgebungsdruck)

Temperatursensoren
(für Ladeluft-, Abgas-,
Motortemperatur)

Luftmassenmesser

Schalteingänge
(z. B. für Fahrge-
schwindigkeitsregler)

Steuergerät

Sensorauswertung

Signalverarbeitung

Diagnose

Endstufen

Aktoren

Hochdruck-   Zündspulen
Einspritzventile   mit Zündkerzen

Drosselklappensteller

Mengensteuerventil
(für Hochdruckpumpe)

Abgasrückführventil

Wastegate

Variable Ventilsteuerung

Kommunikation

ISO-Schnittstelle
(z. B. für Diagnose)

Motorkontrollleuchte

CAN-Schnittstelle

Lagesensoren (z. B. die Stellung der Drallklappe) überwacht.

Überwachung der internen Steuergeräte-
funktionen

Damit die korrekte Funktionsweise des Steuergeräts jederzeit sichergestellt ist, sind im
Steuergerät Überwachungsfunktionen in
Hardware (z. B. in „intelligenten" Endstufen-
bausteinen) und in Software realisiert. Die
Überwachungsfunktionen überprüfen die
einzelnen Bauteile des Steuergeräts (z. B.
Mikrocontroller, Flash-EPROM, RAM). Viele Tests werden sofort nach dem Einschalten
durchgeführt. Weitere Überwachungsfunktionen werden während des normalen Betriebs durchgeführt und in regelmäßigen
Abständen wiederholt, damit der Ausfall eines Bauteils auch während des Betriebs erkannt wird. Testabläufe, die sehr viel Rech-
nerkapazität erfordern oder aus anderen
Gründen nicht im Fahrbetrieb erfolgen kön-

nen, werden im Nachlauf nach „Motor aus"
durchgeführt. Auf diese Weise werden die
anderen Funktionen nicht beeinträchtigt.
Beim Common-Rail-System für Dieselmotoren werden im Hochlauf oder im Nachlauf
z. B. die Abschaltpfade der Injektoren getestet. Beim Ottomotor wird im Nachlauf z. B.
das Flash-EPROM geprüft.

Überwachung der Steuergeräte-
kommunikation

Die Kommunikation mit den anderen Steuergeräten findet in der Regel über den CAN-
Bus statt. Im CAN-Protokoll sind Kontroll-
mechanismen zur Störungserkennung
integriert, sodass Übertragungsfehler schon
im CAN-Baustein erkannt werden können.
Darüber hinaus werden im Steuergerät weitere Überprüfungen durchgeführt. Da die
meisten CAN-Botschaften in regelmäßigen
Abständen von den jeweiligen Steuergeräten
versendet werden, kann z. B. der Ausfall ei-

nes CAN-Controllers in einem Steuergerät mit der Überprüfung dieser zeitlichen Abstände detektiert werden. Zusätzlich werden die empfangenen Signale bei Vorliegen von redundanten Informationen im Steuergerät durch entsprechenden Vergleich überprüft.

Fehlerbehandlung
Fehlererkennung
Ein Signalpfad wird als endgültig defekt eingestuft, wenn ein Fehler über eine definierte Zeit vorliegt. Bis zur Defekteinstufung wird der zuletzt als gültig erkannte Wert im System verwendet. Mit der Defekteinstufung wird in der Regel eine Ersatzfunktion eingeleitet (z. B. Motortemperatur-Ersatzwert $T =$ 90 °C). Für die meisten Fehler ist eine Intakt-Erkennung während des Fahrzeugbetriebs möglich. Hierzu muss der Signalpfad für eine definierte Zeit als intakt erkannt werden.

Fehlerspeicherung
Jeder Fehler wird im nichtflüchtigen Bereich des Datenspeichers in Form eines Fehlercodes abgespeichert. Der Fehlercode beschreibt auch die Fehlerart (z. B. Kurzschluss, Leitungsunterbrechung, Plausibilität, Wertebereichsüberschreitung). Zu jedem Fehlereintrag werden zusätzliche Informationen gespeichert, z. B. die Betriebs- und Umweltbedingungen (Freeze Frame), die bei Auftreten des Fehlers herrschten (z. B. Motordrehzahl, Motortemperatur).

Notlauffunktionen
Bei Erkennen eines Fehlers können neben Ersatzwerten auch Notlaufmaßnahmen (z. B. Begrenzung der Motorleistung oder -drehzahl) eingeleitet werden. Diese Maßnahmen dienen der Erhaltung der Fahrsicherheit, der Vermeidung von Folgeschäden oder der Begrenzung von Abgasemissionen.

OBD-System für Pkw und leichte Nfz

Damit die vom Gesetzgeber geforderten Emissionsgrenzwerte auch im Alltag eingehalten werden, müssen das Motorsystem und die Komponenten ständig überwacht werden. Deshalb wurden – beginnend in Kalifornien – Regelungen zur Überwachung der abgasrelevanten Systeme und Komponenten erlassen. Damit wird die herstellerspezifische On-Board-Diagnose (OBD) hinsichtlich der Überwachung emissionsrelevanter Komponenten und Systeme standardisiert und weiter ausgebaut.

Gesetzgebung
OBD I (CARB)
1988 trat in Kalifornien mit der OBD I die erste Stufe der CARB-Gesetzgebung (California Air Resources Board) in Kraft. Diese erste OBD-Stufe verlangt die Überwachung abgasrelevanter elektrischer Komponenten (Kurzschlüsse, Leitungsunterbrechungen) und die Abspeicherung der Fehler im Fehlerspeicher des Steuergeräts sowie eine Motorkontrollleuchte (Malfunction Indicator Lamp, MIL), die dem Fahrer erkannte Fehler anzeigt. Außerdem muss mit Onboard-Mitteln (z. B. Blinkcode über eine Kontrollleuchte) ausgelesen werden können, welche Komponente ausgefallen ist.

OBD II (CARB)
1994 wurde mit OBD II die zweite Stufe der Diagnosegesetzgebung in Kalifornien eingeführt. Für Fahrzeuge mit Dieselmotoren wurde OBD II ab 1996 Pflicht. Zusätzlich zu dem Umfang OBD I wird nun auch die Funktionalität des Systems überwacht (z. B. durch Prüfung von Sensorsignalen auf Plausibilität). Die OBD II verlangt, dass alle abgasrelevanten Systeme und Komponenten, die bei Fehlfunktion zu einer Erhöhung der

schädlichen Abgasemissionen (und damit zur Überschreitung der OBD-Grenzwerte) führen können, überwacht werden. Zusätzlich sind auch alle Komponenten, die zur Überwachung emissionsrelevanter Komponenten eingesetzt werden oder die das Diagnoseergebnis beeinflussen können, zu überwachen.

Für alle zu überprüfenden Komponenten und Systeme müssen die Diagnosefunktionen in der Regel mindestens einmal im Abgas-Testzyklus (z. B. FTP 75, Federal Test Procedure) durchlaufen werden. Die OBD-II-Gesetzgebung schreibt ferner eine Normung der Fehlerspeicherinformation und des Zugriffs darauf (Stecker, Kommunikation) nach ISO-15031 und den entsprechenden SAE-Normen (Society of Automotive Engineers) vor. Dies ermöglicht das Auslesen des Fehlerspeichers über genormte, frei käufliche Tester (Scan-Tools).

Erweiterungen der OBD II
Ab Modelljahr 2004
Seit Einführung der OBD II wurde das Gesetz in mehreren Stufen (Updates) überarbeitet. Seit Modelljahr 2004 ist die Aktualisierung der CARB OBD II zu erfüllen, welche neben verschärften und zusätzlichen funktionalen Anforderungen auch die Überprüfung der Diagnosehäufigkeit ab Modelljahr 2005 im Alltag (In Use Monitor Performance Ratio, IUMPR) erfordert.

Ab Modelljahr 2007
Die letzte Überarbeitung gilt ab Modelljahr 2007. Neue Anforderungen für Ottomotoren sind im Wesentlichen die Diagnose zylinderindividueller Gemischvertrimmung (Air-Fuel-Imbalance), erweiterte Anforderungen an die Diagnose der Kaltstartstrategie sowie die permanente Fehlerspeicherung, die auch für Dieselsysteme gilt.

Ab Modelljahr 2014
Für diese erfolgt eine erneute Überarbeitung des Gesetzes (Biennial Review) durch den Gesetzgeber. Es gibt generell auch konkrete Überlegungen, die OBD-Anforderungen hinsichtlich der Erkennung von CO_2-erhöhenden Fehlern zu erweitern. Zudem ist mit einer Präzisierung der Anforderungen für Hybrid-Fahrzeuge zu rechnen. Voraussichtlich tritt diese Erweiterung ab Modelljahr 2014 oder 2015 sukzessive in Kraft.

EPA-OBD
In den übrigen US-Bundesstaaten, welche die kalifornische OBD-Gesetzgebung nicht anwenden, gelten seit 1994 die Gesetze der Bundesbehörde EPA (Environmental Protection Agency). Der Umfang dieser Diagnose entspricht im Wesentlichen der CARB-Gesetzgebung (OBD II). Ein CARB-Zertifikat wird von der EPA anerkannt.

EOBD
Die auf europäische Verhältnisse angepasste OBD wird als EOBD (europäische OBD) bezeichnet und lehnt sich an die EPA-OBD an. Die EOBD gilt seit Januar 2000 für Pkw und leichte Nfz (bis zu 3,5 t und bis zu 9 Sitzplätzen) mit Ottomotoren. Neue Anforderungen an die EOBD für Otto- und Diesel-Pkw wurden im Rahmen der Emissions- und OBD-Gesetzgebung Euro 5/6 verabschiedet (OBD-Stufen: Euro 5 ab September 2009; Euro 5+ ab September 2011, Euro 6-1 ab September 2014 und Euro 6-2 ab September 2017).

Eine generelle neue Anforderung für Otto- und Diesel-Pkw ist die Überprüfung der Diagnosehäufigkeit im Alltag (In-Use-Performance-Ratio) in Anlehnung an die CARB-OBD-Gesetzgebung (IUMPR) ab Euro 5+ (September 2011). Für Ottomotoren erfolgte mit der Einführung von Euro 5 ab September 2009 primär die Absenkung der OBD-Grenzwerte. Zudem wurde neben ei-

nem Partikelmassen-OBD-Grenzwert (nur
für direkteinspritzende Motoren) auch ein
NMHC-OBD-Grenzwert (Kohlenwasserstoffe außer Methan, anstelle des bisherigen
HC) eingeführt. Direkte funktionale OBD-
Anforderungen resultieren in der Überwachung des Dreiwegekatalysators auf NMHC.
Ab September 2011 gilt die Stufe Euro 5+
mit unveränderten OBD-Grenzwerten gegenüber Euro 5. Wesentliche funktionale
Anforderungen an die EOBD sind die zusätzliche Überwachung des Dreiwegekatalysators auf NO_x. Mit Euro 6-1 ab September
2014 und Euro 6-2 ab September 2017 ist
eine weitere zweistufige Reduzierung einiger
OBD-Grenzwerte beschlossen worden (siehe
Tabelle 1), wobei für Euro 6-2 noch eine Re-
vision der Werte bis September 2014 möglich ist.

Andere Länder
Einige andere Länder haben die EU- oder
die US-OBD-Gesetzgebung bereits übernommen oder planen deren Einführung
(z. B. China, Russland, Südkorea, Indien,
Brasilien, Australien).

Anforderungen an das OBD-System
Alle Systeme und Komponenten im Kraftfahrzeug, deren Ausfall zu einer Verschlechterung der im Gesetz festgelegten Abgas-

prüfwerte führt, müssen vom Motorsteuergerät durch geeignete Maßnahmen überwacht werden. Führt ein vorliegender Fehler
zum Überschreiten der OBD-Grenzwerte, so
muss dem Fahrer das Fehlverhalten über die
Motorkontrollleuchte angezeigt werden.

Grenzwerte
Die US-OBD II (CARB und EPA) sieht
OBD-Schwellen vor, die relativ zu den Emis-
sionsgrenzwerten definiert sind. Damit ergeben sich für die verschiedenen Abgaskatego-
rien, nach denen die Fahrzeuge zertifiziert
sind (z. B. LEV, ULEV, SULEV, etc.), unterschiedliche zulässige OBD-Grenzwerte. Bei
der für die europäische Gesetzgebung geltenden EOBD sind absolute Grenzwerte ver-
bindlich (Tabelle 1).

Anforderungen an die Funktionalität
Bei der On-Board-Diagnose müssen alle Ein-
gangs- und Ausgangssignale des Steuergeräts
sowie die Komponenten selbst überwacht
werden. Die Gesetzgebung fordert die elektrische Überwachung (Kurzschluss, Leitungsunterbrechung) sowie eine Plausibilitätsprüfung
für Sensoren und eine Funktionsüberwachung für Aktoren. Die Schadstoffkonzentra-
tion, die durch den Ausfall einer Komponente zu erwarten ist (kann im Abgaszyklus
gemessen werden), sowie die teilweise im

Tabelle 1
OBD-Grenzwerte für
Otto-Pkw
NMHC Kohlenwasser-
stoffe außer
Methan,
PM   Partikelmasse,
CO   Kohlenmonoxid,
NO_x Stickoxide.

Die Grenzwerte für EU 5
gelten ab September
2009, für EU 6-1 ab
September 2014 und für
EU 6-2 ab September
2017. Bei EU 6-2 handelt
es sich um einen EU-
Kommissionsvorschlag.
Die endgültige Fest-
legung erfolgte Septem-
ber 2014. Der Grenzwert
bezüglich Partikelmasse
ab EU 5 gilt nur für
Direkteinspritzung.

OBD-Gesetz	OBD-Grenzwerte		
CARB	– Relative Grenzwerte – Meist 1,5-facher Grenzwert der jeweiligen Abgaskategorie		
EPA (US-Federal)	– Relative Grenzwerte – Meist 1,5-facher Grenzwert der jeweiligen Abgaskategorie		
EOBD	– Absolute Grenzwerte		
	EU 5	EU 6-1	EU 6-2
	CO: 1 900 mg/km NMHC: 250 mg/km NO_x: 300 mg/km PM: 50 mg/km	CO: 1 900 mg/km NMHC: 170 mg/km NO_x: 150 mg/km PM: 25 mg/km	CO: 1 900 mg/km NMHC: 170 mg/km NO_x: 90 mg/km PM: 12 mg/km

Gesetz geforderte Art der Überwachung bestimmt auch die Art der Diagnose. Ein einfacher Funktionstest (Schwarz-Weiß-Prüfung) prüft nur die Funktionsfähigkeit des Systems oder der Komponenten, z. B. ob die Drallklappe öffnet und schließt. Die umfangreiche Funktionsprüfung macht eine genauere Aussage über die Funktionsfähigkeit des Systems und bestimmt gegebenenfalls auch den quantitativen Einfluss der defekten Komponente auf die Emissionen. So muss bei der Überwachung der adaptiven Einspritzfunktionen (z. B. Nullmengenkalibrierung beim Dieselmotor oder λ-Adaption beim Ottomotor) die Grenze der Adaption überwacht werden. Die Komplexität der Diagnosen hat mit der Entwicklung der Abgasgesetzgebung ständig zugenommen.

Motorkontrollleuchte
Die Motorkontrollleuchte weist den Fahrer auf das fehlerhafte Verhalten einer Komponente hin. Bei einem erkannten Fehler wird sie im Geltungsbereich von CARB und EPA im zweiten Fahrzyklus mit diesem Fehler eingeschaltet. Im Geltungsbereich der EOBD muss sie spätestens im dritten Fahrzyklus mit erkanntem Fehler eingeschaltet werden. Verschwindet ein Fehler wieder (z. B. ein Wackelkontakt), so bleibt der Fehler im Fehlerspeicher noch 40 Fahrten (Warm up Cycles) eingetragen. Die Motorkontrollleuchte wird nach drei fehlerfreien Fahrzyklen wieder ausgeschaltet. Bei Fehlern, die beim Ottomotor zu einer Schädigung des Katalysators führen können (z. B. Verbrennungsaussetzer), blinkt die Motorkontrollleuchte.

Kommunikation mit dem Scan-Tool
Die OBD-Gesetzgebung schreibt eine Standardisierung der Fehlerspeicherinformation und des Zugriffs darauf (Stecker, Kommunikationsschnittstelle) nach der ISO-15031-

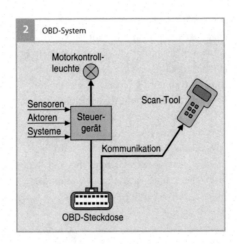

2 OBD-System

Motorkontroll-leuchte

Sensoren
Aktoren
Systeme

Steuer-gerät

Scan-Tool

Kommunikation

OBD-Steckdose

Norm und den entsprechenden SAE-Normen vor. Dies ermöglicht das Auslesen des Fehlerspeichers über genormte, frei käufliche Tester (Scan-Tools, Bild 2). Ab 2008 ist nach der CARB-Gesetzgebung und ab 2014 nach der EU-Gesetzgebung nur noch die Diagnose über CAN (nach der ISO-15765) erlaubt.

Fahrzeugreparatur
Mit Hilfe des Scan-Tools können die emissionsrelevanten Fehlerinformationen von jeder Werkstatt aus dem Steuergerät ausgelesen werden. So werden auch herstellerunabhängige Werkstätten in die Lage versetzt, eine Reparatur durchzuführen. Zur Sicherstellung einer fachgerechten Reparatur werden die Hersteller verpflichtet, notwendige Werkzeuge und Informationen gegen eine angemessene Bezahlung zur Verfügung zu stellen (z. B. Reparaturanleitungen im Internet).

Einschaltbedingungen
Die Diagnosefunktionen werden nur dann abgearbeitet, wenn die physikalischen Einschaltbedingungen erfüllt sind. Hierzu gehören z. B. Drehmomentschwellen, Motortemperaturschwellen und Drehzahlschwellen oder -grenzen.

Sperrbedingungen

Diagnosefunktionen und Motorfunktionen
können nicht immer gleichzeitig arbeiten. Es
gibt Sperrbedingungen, die die Durchführung bestimmter Funktionen unterbinden.
Beispielsweise kann die Tankentlüftung (mit
Kraftstoffverdunstungs-Rückhaltesystem)
des Ottomotors nicht arbeiten, wenn die Katalysatordiagnose in Betrieb ist. Beim Dieselmotor kann der Luftmassenmesser nur dann
hinreichend überwacht werden, wenn das
Abgasrückführventil geschlossen ist.

Temporäres Abschalten von Diagnosefunktionen

Um Fehldiagnosen zu vermeiden, dürfen die
Diagnosefunktionen unter bestimmten Vor-
aussetzungen abgeschaltet werden. Beispiele
hierfür sind große Höhe, niedrige Umgebungstemperatur bei Motorstart oder niedrige Batteriespannung.

Readiness-Code

Für die Überprüfung des Fehlerspeichers ist
es von Bedeutung, zu wissen, dass die Diagnosefunktionen wenigstens ein Mal abgearbeitet wurden. Das kann durch Auslesen der
Readiness-Codes (Bereitschaftscodes) über
die Diagnoseschnittstelle überprüft werden.
Diese Readiness-Codes werden für die wichtigsten überwachten Komponenten gesetzt,
wenn die entsprechenden gesetzesrelevanten
Diagnosen abgeschlossen sind.

Diagnose-System-Manager

Die Diagnosefunktionen für alle zu überprüfenden Komponenten und Systeme müssen
im Fahrbetrieb, jedoch mindestens einmal
im Abgas-Testzyklus (z. B. FTP 75, NEFZ)
durchlaufen werden. Der Diagnose-System-
Manager (DSM) kann die Reihenfolge für
die Abarbeitung der Diagnosefunktionen je
nach Fahrzustand dynamisch verändern.
Ziel dabei ist, dass alle Diagnosefunktionen
auch im täglichen Fahrbetrieb häufig ablaufen.

Der Diagnose-System Manager besteht
aus den Komponenten Diagnose-Fehler-
pfad-Management zur Speicherung von
Fehlerzuständen und zugehörigen Umweltbedingungen (Freeze Frames), Diagnose-
Funktions-Scheduler zur Koordination der
Motor- und Diagnosefunktionen und dem
Diagnose-Validator zur zentralen Entschei-
dung bei erkannten Fehlern über ursächli-
chen Fehler oder Folgefehler. Alternativ zum
Diagnose-Validator gibt es auch Systeme mit
dezentraler Validierung, d. h., die Validierung erfolgt in der Diagnosefunktion.

Rückruf

Erfüllen Fahrzeuge die gesetzlichen OBD-
Forderungen nicht, kann der Gesetzgeber
auf Kosten der Fahrzeughersteller Rück-
rufaktionen anordnen.

OBD-Funktionen

Übersicht

Während die EOBD nur bei einzelnen Komponenten die Überwachung im Detail vor-
schreibt, sind die spezifischen Anforderungen bei der CARB-OBD II wesentlich detaillierter. Die folgende Liste stellt den der-
zeitigen Stand der CARB-Anforderungen
(ab Modelljahr 2010) für Pkw-Ottofahrzeuge
dar. Mit (E) sind die Anforderungen markiert, die auch in der EOBD-Gesetzgebung
detaillierter beschrieben sind:
- Katalysator (E), beheizter Katalysator,
- Verbrennungsaussetzer (E),
- Kraftstoffverdunstungs-Minderungssy-
  stem (Tankleckdiagnose, bei (E) zumindest die elektrische Prüfung des Tankentlüftungsventils),
- Sekundärlufteinblasung,
- Kraftstoffsystem,

- Abgassensoren (λ-Sonden (E), NO_x-Sensoren (E), Partikelsensor),
- Abgasrückführsystem (E),
- Kurbelgehäuseentlüftung,
- Motorkühlsystem,
- Kaltstartemissionsminderungssystem,
- Klimaanlage (bei Einfluss auf Emissionen oder OBD),
- variabler Ventiltrieb (derzeit nur bei Ottomotoren im Einsatz),
- direktes Ozonminderungssystem,
- sonstige emissionsrelevante Komponenten und Systeme (E), Comprehensive Components
- IUMPR (In-Use-Monitor-Performance-Ratio) zur Prüfung der Durchlaufhäufigkeit von Diagnosefunktionen im Alltag (E).

Sonstige emissionsrelevante Komponenten und Systeme sind die in dieser Aufzählung nicht genannten Komponenten und Systeme, deren Ausfall zur Erhöhung der Abgasemissionen (CARB OBD II), zur Überschreitung der OBD-Grenzwerte (CARB OBD II und EOBD) oder zur negativen Beeinflussung des Diagnosesystems (z. B. durch Sperrung anderer Diagnosefunktionen) führen kann. Bei der Durchlaufhäufigkeit von Diagnosefunktionen müssen Mindestwerte eingehalten werden.

Katalysatordiagnose

Der Dreiwegekatalysator hat die Aufgabe, die bei der Verbrennung des Luft-Kraftstoff-Gemischs entstehenden Schadstoffe CO, NO_x und HC zu konvertieren. Durch Alterung oder Schädigung (thermisch oder durch Vergiftung) nimmt die Konvertierungsleistung ab. Deshalb muss die Katalysatorwirkung überwacht werden.

Ein Maß für die Konvertierungsleistung des Katalysators ist seine Sauerstoff-Speicherfähigkeit (Oxygen Storage Capacity). Bislang konnte bei allen Beschichtungen von Dreiwegekatalysatoren (Trägerschicht „Wash-Coat" mit Ceroxiden als sauerstoffspeichernde Komponenten und Edelmetallen als eigentlichem Katalysatormaterial) eine Korrelation dieser Speicherfähigkeit zur Konvertierungsleistung nachgewiesen werden.

Die primäre Gemischregelung erfolgt mithilfe einer λ-Sonde vor dem Katalysator nach dem Motor. Bei heutigen Motorkonzepten ist eine weitere λ-Sonde hinter dem Katalysator angebracht, die zum einen der Nachregelung der primären λ-Sonde dient, zum anderen für die OBD genutzt wird. Das Grundprinzip der Katalysatordiagnose ist dabei der Vergleich der Sondensignale vor und hinter dem betrachteten Katalysator.

Diagnose von Katalysatoren mit geringer Sauerstoff-Speicherfähigkeit
Die Diagnose von Katalysatoren mit geringer Sauerstoff-Speicherfähigkeit erfolgt vorwiegend mit dem „passiven Amplituden-Modellierungs-Verfahren" (siehe Bild 3). Das Diagnoseverfahren beruht auf der Bewertung der Sauerstoffspeicherfähigkeit des Katalysators. Der Sollwert der λ-Regelung wird mit definierter Frequenz und Amplitude moduliert. Es wird die Sauerstoffmenge berechnet, die durch mageres ($\lambda > 1$) oder fettes Gemisch ($\lambda < 1$) in den Sauerstoffspeicher eines Katalysators aufgenommen oder diesem entnommen wird. Die Amplitude der λ-Sonde hinter dem Katalysator ist stark abhängig von der Sauerstoff-Wechselbelastung (abwechselnd Mangel und Überschuss) des Katalysators. Angewandt wird diese Berechnung auf den Sauerstoffspeicher (OSC, Oxygen Storage Component) des Grenzkatalysators. Die Änderung der Sauerstoffkonzentration im Abgas hinter dem Katalysator wird modelliert. Dem liegt die Annahme zugrunde, dass der den Katalysator verlassenden Sauerstoff proportional zum Füllstand des Sauerstoffspeichers ist.

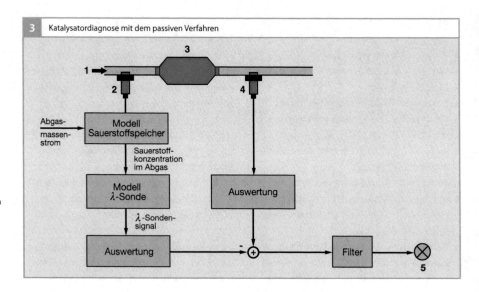

3   Katalysatordiagnose mit dem passiven Verfahren

Bild 3
1   Abgasmassenstrom
    vom Motor
2   λ-Sonde
3   Katalysator
4   λ-Sonde
5   Motorkontroll-
    leuchte

Durch diese Berechnung ist es möglich, das aufgrund der Änderung der Sauerstoffkonzentration resultierende Sondensignal nachzubilden. Die Schwankungshöhe dieses nachgebildeten Sondensignals wird nun mit der Schwankungshöhe des tatsächlichen Sondensignals verglichen. Solange das gemessene Sondensignal eine geringere Schwankungshöhe aufweist als das nachgebildete, besitzt der Katalysator eine höhere Sauerstoffspeicherfähigkeit als der nachgebildete Grenzkatalysator. Übersteigt die Schwankungshöhe des gemessenen Sondensignals diejenige des nachgebildeten Grenzkatalysators, so ist der Katalysator als defekt anzuzeigen.

Diagnose von Katalysatoren mit hoher Sauerstoff-Speicherfähigkeit
Zur Diagnose von Katalysatoren mit hoher Sauerstoffspeicherfähigkeit wird vorwiegend das „aktive Verfahren" bevorzugt (siehe Bild 4). Infolge der hohen Sauerstoffspeicherfähigkeit wird die Modulation des Regelsollwerts auch bei geschädigtem Katalysator noch sehr stark gedämpft. Deshalb ist die

Änderung der Sauerstoffkonzentration hinter dem Katalysator für eine passive Auswertung, wie bei dem zuvor beschriebenen passiven Verfahren, zu gering, sodass ein Diagnoseverfahren mit einem aktiven Eingriff in die λ-Regelung erforderlich ist.

Die Katalysator-Diagnose beruht auf der direkten Messung der Sauerstoff-Speicherung beim Übergang von fettem zu magerem Gemisch. Vor dem Katalysator ist eine stetige Breitband-λ-Sonde eingebaut, die den Sauerstoffgehalt im Abgas misst. Hinter dem Katalysator befindet sich eine Zweipunkt-λ-Sonde, die den Zustand des Sauerstoffspeichers detektiert. Die Messung wird in einem stationären Betriebspunkt im unteren Teillastbereich durchgeführt.

In einem ersten Schritt wird der Sauerstoffspeicher durch fettes Abgas ($\lambda < 1$) vollständig entleert. Das Sondensignal der hinteren Sonde zeigt dies durch eine entsprechend hohe Spannung (ca. 650 mV) an. Im nächsten Schritt wird auf mageres Abgas ($\lambda > 1$) umgeschaltet und die eingetragene Sauerstoffmasse bis zum Überlauf des Sauerstoffspeichers mithilfe des Luftmassenstroms

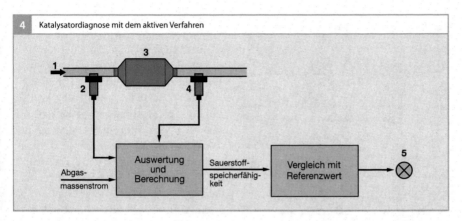

4 Katalysatordiagnose mit dem aktiven Verfahren

Bild 4
1 Abgasmassenstrom
   vom Motor
2 Breitband-λ-Sonde
3 Katalysator
4 Zweipunkt-λ-Sonde
5 Motorkontroll-
   leuchte

und des Signals der Breitband-λ-Sonde vor dem Katalysator berechnet. Der Überlauf ist durch das Absinken der Sondenspannung hinter dem Katalysator auf Werte unter 200 mV gekennzeichnet. Der berechnete Integralwert der Sauerstoffmasse gibt die Sauerstoffspeicherfähigkeit an. Dieser Wert muss einen Referenzwert überschreiten, sonst wird der Katalysator als defekt eingestuft.

Prinzipiell wäre die Auswertung auch mit der Messung der Regeneration des Sauerstoff-Speichers bei einem Übergang vom mageren zum fetten Betrieb möglich. Mit der Messung der Sauerstoff-Einspeicherung beim Fett-Mager-Übergang ergibt sich aber eine geringere Temperaturabhängigkeit und eine geringere Abhängigkeit von der Verschwefelung, sodass mit dieser Methode eine genauere Bestimmung der Sauerstoff-Speicherfähigkeit möglich ist.

Diagnose von NO_x-Speicherkatalysatoren
Neben der Funktion als Dreiwegekatalysator hat der für die Benzin-Direkteinspritzung erforderliche NO_x-Speicherkatalysator die Aufgabe, die im Magerbetrieb (bei $\lambda > 1$) nicht konvertierbaren Stickoxide zwischenzuspeichern, um sie später bei einem homogen verteilten Luft-Kraftstoff-Gemisch mit λ

< 1 zu konvertieren. Die NO_x-Speicherfähigkeit dieses Katalysators – gekennzeichnet durch den Katalysator-Gütefaktor – nimmt durch Alterung und Vergiftung (z. B. Schwefeleinlagerung) ab. Deshalb ist eine Überwachung der Funktionsfähigkeit erforderlich. Hierfür können je eine λ-Sonde vor und hinter dem Katalysator verwendet werden. Zur Bestimmung des Katalysator-Gütefaktors wird der tatsächliche NO_x-Speicherinhalt mit dem Erwartungswert des NO_x-Speicherinhalts für einen neuen NO_x-Katalysator (aus einem Neukatalysator-Modell) verglichen. Der tatsächliche NO_x-Speicherinhalt entspricht dem gemessenen Reduktionsmittelverbrauch (HC und CO) während der Regenerierung des Katalysators. Die Menge an Reduktionsmitteln wird durch Integration des Reduktionsmittel-Massenstroms während der Regenerierphase bei $\lambda < 1$ ermittelt. Das Ende der Regenerierungsphase wird durch einen Spannungssprung der λ-Sonde hinter dem Katalysator erkannt. Alternativ kann über einen NO_x-Sensor der tatsächliche NO_x-Speicherinhalt bestimmt werden.

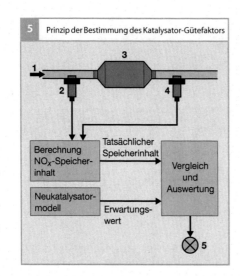

5 Prinzip der Bestimmung des Katalysator-Gütefaktors

Verbrennungsaussetzererkennung

Der Gesetzgeber fordert die Erkennung von Verbrennungsaussetzern, die z. B. durch abgenutzte Zündkerzen auftreten können. Ein Zündaussetzer verhindert das Entflammen des Luft-Kraftstoff-Gemischs im Motor, es kommt zu einem Verbrennungsaussetzer, und unverbranntes Gemisch wird in den Abgastrakt ausgestoßen. Die Aussetzer verursachen daher eine Nachverbrennung des unverbrannten Gemischs im Katalysator und führen dadurch zu einem Temperaturanstieg. Dies kann eine schnellere Alterung oder sogar eine völlige Zerstörung des Katalysators zur Folge haben. Weiterhin führen Zündaussetzer zu einer Erhöhung der Abgasemissionen, insbesondere von HC und CO, sodass eine Überwachung auf Zündaussetzer notwendig ist.

Die Aussetzererkennung wertet für jeden Zylinder die von einer Verbrennung bis zur nächsten verstrichene Zeit – die Segmentzeit – aus. Diese Zeit wird aus dem Signal des Drehzahlsensors abgeleitet. Gemessen wird die Zeit, die verstreicht, wenn sich das Kurbelwellen-Geberrad eine bestimmte Anzahl von Zähnen weiterdreht. Bei einem Verbren-

nungsaussetzer fehlt dem Motor das durch die Verbrennung erzeugte Drehmoment, was zu einer Verlangsamung führt. Eine signifikante Verlängerung der daraus resultierenden Segmentzeit deutet auf einen Zündaussetzer hin (**Bild 6**). Bei hohen Drehzahlen und niedriger Motorlast beträgt die Verlängerung der Segmentzeit durch Aussetzer nur etwa 0,2 %. Deshalb ist eine genaue Überwachung der Drehbewegung und ein aufwendiges Rechenverfahren notwendig, um Verbrennungsaussetzer von Störgrößen (z. B. Erschütterungen aufgrund einer schlechten Fahrbahn) unterscheiden zu können. Die Geberradadaption kompensiert Abweichungen, die auf Fertigungstoleranzen am Geberrad zurückzuführen sind. Diese Funktion ist im Teillast-Bereich und Schubbetrieb aktiv, da in diesem Betriebszustand nur ein geringes oder kein beschleunigendes Drehmoment aufgebaut wird. Die Geberradadaption liefert Korrekturwerte für die Segmentzeiten. Bei unzulässig hohen Aussetzerraten kann an dem betroffenen Zylinder die Einspritzung ausgeblendet werden, um den Katalysator zu schützen.

Tankleckdiagnose

Nicht nur die Abgasemissionen beeinträchtigen die Umwelt, sondern auch die aus dem Kraftstoff führenden System – insbesondere aus der Tankanlage – entweichenden Kraftstoffdämpfe (Verdunstungsemissionen), sodass auch hierfür Emissionsgrenzwerte gelten. Zur Begrenzung der Verdunstungsemissionen werden die Kraftstoffdämpfe im Aktivkohlebehälter des Kraftstoffverdunstungs-Rückhaltesystems (Bild 7) bei geschlossenem Absperrventil (4) gespeichert und später wieder über das Tankentlüftungsventil und das Saugrohr der Verbrennung im Motor zugeführt. Das Regenerieren des Aktivkohlebehälters erfolgt durch Luftzufuhr bei geöffnetem Absperrventil (4) und bei ge-

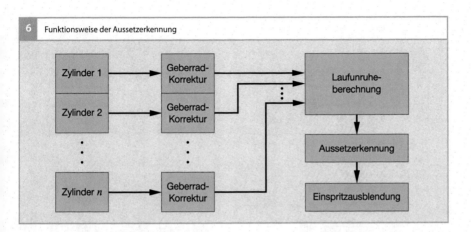

6 Funktionsweise der Aussetzerkennung

öffnetem Tankentlüftungsventil (2). Im normalen Motorbetrieb (d. h. keine Regenerierung oder Diagnose) bleibt das Absperrventil geschlossen, um ein Ausgasen der Kraftstoffdämpfe aus dem Tank in die Umwelt zu verhindern. Die Überwachung des Tanksystems gehört zum Diagnoseumfang.

Für den europäischen Markt beschränkt sich der Gesetzgeber zunächst auf eine einfache Überprüfung des elektrischen Schaltkreises des Tankdrucksensors und des Tankentlüftungsventils. In den USA wird hingegen das Erkennen von Lecks im Kraftstoffsystem gefordert. Hierfür gibt es die folgenden zwei unterschiedlichen Diagnoseverfahren, mit welchen ein Grobleck bis zu 1,0 mm Durchmesser und ein Feinleck bis zu 0,5 mm Durchmesser erkannt werden kann. Die folgenden Ausführungen beschreiben die prinzipielle Funktionsweise der Leckerkennung ohne die Einzelheiten bei der Realisierung.

Diagnoseverfahren mit Unterdruckabbau
Bei stehendem Fahrzeug wird im Leerlauf das Tankentlüftungsventil (Bild 7, Pos. 2) geschlossen. Daraufhin wird im Tanksystem, infolge der durch das offene Absperrventil

(4) hereinströmenden Luft, der Unterdruck verringert, d. h., der Druck im Tanksystem steigt. Wenn der Druck, der mit dem Drucksensor (6) gemessen wird, in einer bestimmten Zeit nicht den Umgebungsdruck erreicht, wird auf ein fehlerhaftes Absperrventil geschlossen, da sich dieses nicht genügend oder gar nicht geöffnet hat.

Liegt kein Defekt am Absperrventil vor, wird dieses geschlossen. Durch Ausgasung (Kraftstoffverdunstung) kann nun ein Druckanstieg erfolgen. Der sich einstellende Druck darf einen bestimmten Bereich weder über- noch unterschreiten. Liegt der gemessene Druck unterhalb des vorgeschriebenen Bereichs, so liegt eine Fehlfunktion im Tan-

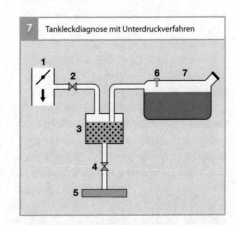

7 Tankleckdiagnose mit Unterdruckverfahren

Bild 7
1 Saugrohr mit Drosselklappe
2 Tankentlüftungsventil (Regenerierventil)
3 Aktivkohlebehälter
4 Absperrventil
5 Luftfilter
6 Tankdrucksensor
7 Kraftstoffbehälter

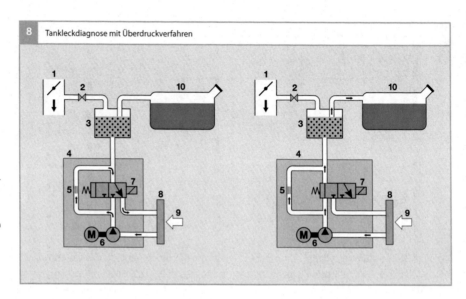

Bild 8
a   Referenzleck-
    Strommessung
b   Fein- und
    Grobleckprüfung

1   Saugrohr mit
    Drosselklappe
2   Tankentlüftungsven-
    til (Regenerierventil)
3   Aktivkohlebehälter
4   Diagnosemodul
5   Referenzleck 0,5 mm
6   Flügelzellenpumpe
7   Umschaltventil
8   Luftfilter
9   Frischluft
10 Kraftstoffbehälter

8   Tankleckdiagnose mit Überdruckverfahren

kentlüftungsventil vor. Das heißt, die Ursache für den zu niedrigen Druck ist ein undichtes Tankentlüftungsventil, sodass durch den Unterdruck im Saugrohr Dampf aus dem Tanksystem gesaugt wird. Liegt der gemessene Druck oberhalb des vorgeschriebenen Bereichs, so verdampft zu viel Kraftstoff (z. B. wegen zu hoher Umgebungstemperatur), um eine Diagnose durchführen zu können. Ist der durch die Ausgasung entstehende Druck im erlaubten Bereich, so wird dieser Druckanstieg als Kompensationsgradient für die Feinleckdiagnose gespeichert. Erst nach der Prüfung von Absperr- und Tankentlüftungsventil kann die Tankleckdiagnose fortgesetzt werden.

Zunächst wird eine Grobleckerkennung durchgeführt. Im Leerlauf des Motors wird das Tankentlüftungsventil (**Bild 7**, Pos. 2) geöffnet, wobei sich der Unterdruck des Saugrohrs (1) im Tanksystem „fortsetzt". Nimmt der Tankdrucksensor (6) eine zu geringe Druckänderung auf, da Luft durch ein Leck wieder nachströmt und so den induzierten Druckabfall wieder ausgleicht, wird ein Fehler durch ein Grobleck erkannt und die Diagnose abgebrochen.

Die Feinleckdiagnose kann beginnen, sobald kein Grobleck erkannt wurde. Hierzu wird das Tankentlüftungsventil (2) wieder geschlossen. Der Druck sollte anschließend nur um die zuvor gespeicherte Ausgasung (Kompensationsgradient) ansteigen, da das Absperrventil (4) immer noch geschlossen ist. Steigt der Druck jedoch stärker an, so muss ein Feinleck vorhanden sein, durch welches Luft einströmen kann.

Überdruckverfahren
Bei erfüllten Diagnose-Einschaltbedingungen und nach abgeschalteter Zündung wird im Steuergerätenachlauf das Überdruckverfahren gestartet. Bei der Referenzleck-Strommessung pumpt die im Diagnosemodul (**Bild 8a**, Pos. 4) integrierte elektrisch angetriebene Flügelzellenpumpe (6) Luft durch ein „Referenzleck" (5) von 0,5 mm Durchmesser. Durch den an dieser Verengung entstehenden Staudruck steigt die Belastung der Pumpe, was zu einer Drehzahlverminderung und einer Stromerhöhung führt. Der sich bei dieser Referenzmessung einstellende Strom (**Bild 9**) wird gemessen und gespeichert.

Anschließend (Bild 8b) pumpt die Pumpe nach Umschalten des Magnetventils (7) Luft in den Kraftstoffbehälter. Ist der Tank dicht, so baut sich ein Druck und somit ein Pumpenstrom auf (Bild 9), der über dem Referenzstrom liegt (3). Im Fall eines Feinlecks erreicht der Pumpstrom den Referenzstrom, dieser wird allerdings nicht überschritten (2). Wird der Referenzstrom auch nach längerem Pumpen nicht erreicht, so liegt ein Grobleck vor (1).

Diagnose des Sekundärluftsystems

Der Betrieb des Motors mit einem fetten Gemisch (bei $\lambda < 1$) – wie es z. B. bei niedrigen Temperaturen notwendig sein kann – führt zu hohen Kohlenwasserstoff- und Kohlenmonoxidkonzentrationen im Abgas. Diese Schadstoffe müssen im Abgastrakt nachoxidiert, d. h. nachverbrannt werden. Direkt nach den Auslassventilen befindet sich deshalb bei vielen Fahrzeugen eine Sekundärlufteinblasung, die den für die katalytische Nachverbrennung notwendigen Sauerstoff in das Abgas einbläst (Bild 10).

Bei Ausfall dieses Systems steigen die Abgasemissionen beim Kaltstart oder bei einem kalten Katalysator an. Deshalb ist eine Diagnose notwendig. Die Diagnose der Sekundärlufteinblasung ist eine funktionale Prüfung, bei der getestet wird, ob die Pumpe einwandfrei läuft oder ob Störungen in der Zuleitung zum Abgastrakt vorliegen. Neben der funktionalen Prüfung ist für den CARB-Markt die Erkennung einer reduzierten Einleitung von Sekundärluft (Flow-Check), die zu einem Überschreiten des OBD-Grenzwerts führt, erforderlich.

Die Sekundärluft wird direkt nach dem Motorstart und während der Katalysatoraufheizung eingeblasen. Die eingeblasene Sekundärluftmasse wird aus den Messwerten der λ-Sonde berechnet und mit einem Referenzwert verglichen. Weicht die berechnete

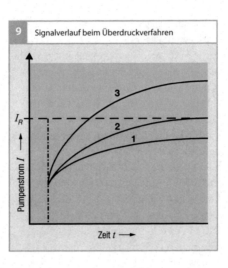

9 Signalverlauf beim Überdruckverfahren

Pumpenstrom I →

I_R

3

2

1

Zeit t →

Bild 9
I_R Referenzstrom
1 Stromverlauf bei einem Leck über 0,5 mm Durchmesser
2 Stromverlauf bei einem Leck mit 0,5 mm Durchmesser
3 Stromverlauf bei dichtem Tank

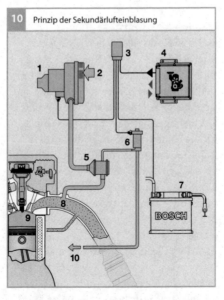

10 Prinzip der Sekundärlufteinblasung

Bild 10
1 Sekundärluftpumpe
2 angesaugte Luft
3 Relais
4 Motorsteuergerät
5 Sekundärluftventil
6 Steuerventil
7 Batterie
8 Einleitstelle ins Abgasrohr
9 Auslassventil
10 zum Saugrohranschluss

Sekundärluftmasse vom Referenzwert ab, wird damit ein Fehler erkannt.

Für den CARB-Markt ist es aus gesetzlichen Gründen notwendig, die Diagnose während der regulären Sekundärluftzuschaltung durchzuführen. Da die Betriebsbereitschaft der λ-Sonde fahrzeugspezifisch zu unterschiedlichen Zeiten nach dem Motorstart erreicht wird, kann es sein, dass die Diagnoseablaufhäufigkeit (IUMPR) mit dem beschriebenen Diagnoseverfahren nicht erreicht wird und ein anderes Diagnoseverfahren verwendet werden muss. Das alternativ zum Einsatz kommende Verfahren beruht auf einem druckbasierten Ansatz. Das Verfahren benötigt einen Sekundärluft-Drucksensor, der direkt im Sekundärluftventil oder in der Rohrverbindung zwischen Sekundärluftpumpe und Sekundärluftventil verbaut ist. Gegenüber dem bisherigen direkten λ-Sonden-basierten Verfahren basiert das Diagnoseprinzip auf einer indirekten quantitativen Bestimmung des Sekundärluftmassenstroms aus dem Druck vor dem Sekundärluftventil.

Diagnose des Kraftstoffsystems

Fehler im Kraftstoffsystem (z. B. defektes Kraftstoffventil, Loch im Saugrohr) können eine optimale Gemischbildung verhindern. Deshalb wird eine Überwachung dieses Systems durch die OBD verlangt. Dazu werden u. a. die angesaugte Luftmasse (aus dem Signal des Luftmassenmessers), die Drosselklappenstellung, das Luft-Kraftstoff-Verhältnis (aus dem Signal der λ-Sonde vor dem Katalysator) sowie Informationen zum Betriebszustand im Steuergerät verarbeitet, und dann gemessene Werte mit den Modellrechnungen verglichen.

Ab Modelljahr 2011 wird zudem die Überwachung von Fehlern (z. B. Injektorfehler) gefordert, die zylinderindividuelle Gemischunterschiede hervorrufen. Das Diagnoseprinzip basiert auf einer Auswertung des Drehzahlsignals (Laufunruhesignals) und nutzt die Abhängigkeit der Laufunruhe vom Luftverhältnis aus. Zum Zweck der Diagnose wird sukzessive jeweils ein Zylinder abgemagert, während die verbleibenden Zylinder angefettet werden, so dass ein stöchiometrisches Luft-Kraftstoff-Verhältnis erhalten bleibt. Die Diagnose verarbeitet dabei

die erforderlichen Änderung der Kraftstoffmenge, um eine applizierte Laufunruhedifferenz zu erreichen. Diese Änderung ist ein Maß für die Vertrimmung eines Zylinders hinsichtlich des Luft-Kraftstoff-Verhältnisses.

Diagnose der λ-Sonden

Das λ-Sonden-System besteht in der Regel aus zwei Sonden (eine vor und eine hinter dem Katalysator) und dem λ-Regelkreis. Vor dem Katalysator befindet sich meist eine Breitband-λ-Sonde, die kontinuierlich den λ-Wert, d. h. das Luftverhältnis über den gesamten Bereich von fett nach mager, misst und als Spannungsverlauf ausgibt (Bild 11a). In Abhängigkeit von den Marktanforderungen kann auch eine Zweipunkt-λ-Sonde (Sprungsonde) vor dem Katalysator verwendet werden. Diese zeigt durch einen Spannungssprung (Bild 11b) an, ob ein mageres ($\lambda > 1$) oder ein fettes Gemisch ($\lambda < 1$) vorliegt.

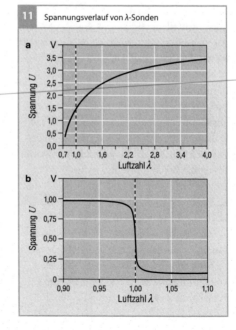

11 Spannungsverlauf von λ-Sonden

Bei heutigen Konzepten ist eine sekundäre λ-Sonde – meist eine Zweipunkt-Sonde – hinter dem Vor- oder dem Hauptkatalysator angebracht, die zum einen der Nachregelung der primären λ-Sonde dient, zum anderen für die OBD genutzt wird. Die λ-Sonden kontrollieren nicht nur das Luft-Kraftstoff-Gemisch im Abgas für die Motorsteuerung, sondern prüfen auch die Funktionsfähigkeit des Katalysators.

Mögliche Fehler der Sonden sind Unterbrechungen oder Kurzschlüsse im Stromkreis, Alterung der Sonde (thermisch, durch Vergiftung) – führt zu einer verringerten Dynamik des Sondensignals – oder verfälschte Werte durch eine kalte Sonde, wenn Betriebstemperatur nicht erreicht ist.

Primäre λ-Sonde
Die Sonde vor dem Katalysator wird als primäre λ-Sonde oder Upstream-Sonde bezeichnet. Sie wird bezüglich Plausibilität (von Innenwiderstand, Ausgangsspannung – das eigentliche Signal – und anderen Parametern) sowie Dynamik geprüft. Bezüglich der Dynamik wird die symmetrische und die asymmetrische Signalanstiegsgeschwindigkeit (Transition Time) und die Totzeit (Delay) jeweils beim Wechsel von „fett" zu „mager" und von „mager" zu „fett" (sechs Fehlerfälle, Six Patterns – gemäß CARB-OBD-II-Gesetzgebung) sowie die Periodendauer geprüft. Besitzt die Sonde eine Heizung, so muss auch diese in ihrer Funktion überprüft werden. Die Prüfungen erfolgen während der Fahrt bei relativ konstanten Betriebsbedingungen. Die Breitband-λ-Sonde benötigt andere Diagnoseverfahren als die Zweipunkt-λ-Sonde, da für sie auch von λ = 1 abweichende Vorgaben möglich sind.

Sekundäre λ-Sonde
Eine sekundäre λ-Sonde oder Downstream-Sonde ist u. a. für die Kontrolle des Katalysators zuständig. Sie überprüft die Konvertierung des Katalysators und gibt damit die für die Diagnose des Katalysators wichtigsten Werte ab. Man kann durch ihre Signale auch die Werte der primären λ-Sonde überprüfen. Darüber hinaus kann durch die sekundäre λ-Sonde die Langzeitstabilität der Emissionen sichergestellt werden. Mit Ausnahme der Periodendauer werden alle für die primären λ-Sonden genannten Eigenschaften und Parameter auch bei den sekundären λ-Sonden geprüft. Für die Erkennung von Dynamikfehlern ist die Diagnose der Signalanstiegsgeschwindigkeit und der Totzeit erforderlich.

Diagnose des Abgasrückführungssystems

Die Abgasrückführung (AGR) ist ein wirksames Mittel zur Absenkung der Stickoxidemission im Magerbetrieb. Durch Zumischen von Abgas zum Luft-Kraftstoff-Gemisch wird die Verbrennungs-Spitzentemperatur gesenkt und damit die Bildung von Stickoxiden reduziert. Die Funktionsfähigkeit des Abgasrückführungssystems muss deshalb überwacht werden. Hierzu kommen zwei alternative Verfahren zum Einsatz.

Zur Diagnose des AGR-Systems wird ein Vergleich zweier Bestimmungsmethoden für den AGR-Massenstrom herangezogen. Bei Methode 1 wird aus der Differenz zwischen zufließendem Frischluftmassenstrom über die Drosselklappe (gemessen über den Heißfilm-Luftmassenmesser) und dem abfließenden Massenstrom in die Zylinder (berechnet mit dem Saugrohrmodell und dem Signale des Saugrohrdrucksensors) der AGR-Massenstrom bestimmt. Bei Methode 2 wird über das Druckverhältnis und die Lagerückmeldung des AGR-Ventils der AGR-Massenstrom berechnet. Die Ergebnisse aus Methode 1 und Methode 2 werden kontinuierlich verglichen und ein Adaptionsfaktor gebildet. Der Adaptionsfaktor wird auf eine Über- oder Unterschreitung eines Bereichs überwacht und schließlich wird das Diagnoseergebnis gebildet.

Eine weitere Diagnose des AGR-Systems ist die Schubdiagnose, wobei im Schubbetrieb das AGR-Ventil gezielt geöffnet und der sich einstellende Saugrohrdruck beobachtet wird. Mit einem modellierten AGR-Massenstrom wird ein modellierter Saugrohrdruck ermittelt und dieser mit dem gemessenen Saugrohrdruck verglichen. Über diesen Vergleich kann das AGR-System bewertet werden.

Diagnose der Kurbelgehäuseentlüftung

Das so genannte „Blow-by-Gas", welches durch Leckageströme zwischen Kolben, Kolbenringen und Zylinder in das Kurbelgehäuse einströmt, muss aus dem Kurbelgehäuse abgeführt werden. Dies ist die Aufgabe der Kurbelgehäuseentlüftung (PCV, Positive Crankcase Ventilation). Die mit Abgasen angereicherte Luft wird in einem Zyklonabscheider von Ruß gereinigt und über ein PCV-Ventil in das Saugrohr geleitet, sodass die Kohlenwasserstoffe wieder der Verbrennung zugeführt werden. Die Diagnose muss Fehler infolge von Schlauchabfall zwischen dem Kurbelgehäuse und dem PCV-Ventil oder zwischen dem PCV-Ventil und dem Saugrohr erkennen.

Ein mögliches Diagnoseprinzip beruht auf der Messung der Leerlaufdrehzahl, die bei Öffnung des PCV-Ventils ein bestimmtes Verhalten zeigen sollte, das mit einem Modell gerechnet wird. Bei einer zu großen Abweichung der beobachteten Leerlaufdrehzahländerung vom modellierten Verhalten wird auf ein Leck geschlossen. Auf Antrag bei der Behörde kann auf eine Diagnose ver-

zichtet werden, wenn der Nachweis erbracht wird, dass ein Schlauchabfall durch geeignete konstruktive Maßnahmen ausgeschlossen werden kann.

Diagnose des Motorkühlungssystems

Das Motorkühlsystem besteht aus einem kleinen und einem großen Kreislauf, die durch ein Thermostatventil verbunden sind. Der kleine Kreislauf wird in der Startphase zur schnellen Aufheizung des Motors verwendet und durch Schließen des Thermostatventils geschaltet. Bei einem defekten oder offen festsitzenden Thermostaten wird der Kühlmitteltemperaturanstieg verzögert – besonders bei niedrigen Umgebungstemperaturen – und führt zu erhöhten Emissionen. Die Thermostatüberwachung soll daher eine Verzögerung in der Aufwärmung der Motorkühlflüssigkeit detektieren. Dazu wird zuerst der Temperatursensor des Systems und darauf basierend das Thermostatventil getestet.

Diagnose zur Überwachung der Aufheizmaßnahmen

Um eine hohe Konvertierungsrate zu erreichen, benötigt der Katalysator eine Betriebstemperatur von 400...800 °C. Noch höhere Temperaturen können allerdings seine Beschichtung zerstören. Ein Katalysator mit optimaler Betriebstemperatur reduziert die Motorabgasemissionen um mehr als 99 %. Bei niedrigeren Temperaturen sinkt der Wirkungsgrad, sodass ein kalter Katalysator fast keine Konvertierung zeigt. Zur Einhaltung der Abgasemissionsvorschriften ist darum eine schnelle Aufwärmung des Katalysators mittels einer speziellen Katalysatorheizstrategie notwendig. Bei einer Katalysatortemperatur von 200...250 °C (Light-Off-Temperatur, ungefähr 50 % Konvertierungsgrad) wird diese Aufwärmphase beendet. Der Katalysator wird jetzt durch die exothermen Konvertierungsreaktionen von selbst aufgeheizt.

Beim Start des Motors kann der Katalysator durch zwei Vorgänge schneller aufgeheizt werden: Durch eine spätere Zündung des Kraftstoffgemischs wird ein heißeres Abgas erzeugt. Außerdem heizt sich durch die katalytischen Reaktionen des unvollständig verbrannten Kraftstoffs im Abgaskrümmer oder im Katalysator dieser selbst auf. Weitere unterstützende Maßnahmen sind z. B. die Erhöhung der Leerlauf-Drehzahl oder ein veränderter Nockenwellenwinkel. Diese Aufheizung hat zur Folge, dass der Katalysator schneller seine Betriebstemperatur erreicht und die Abgasemissionen früher absinken.

Das Gesetz (CARB OBD II) verlangt für einen einwandfreien Ablauf der Konvertierung eine Überwachung der Aufheizphase. Die Aufheizung kann durch eine Überwachung und Auswertung von Aufwärmparametern wie z. B. Zündwinkel, Drehzahl oder Frischluftmasse kontrolliert werden. Weiterhin werden die für die Aufheizmaßnahmen wichtigen Komponenten gezielt in dieser Zeit überwacht (z. B. die Nockenwellen-Position).

Diagnose des variablen Ventiltriebs

Zur Senkung des Kraftstoffverbrauchs und der Abgasemissionen wird teilweise der variable Ventiltrieb eingesetzt. Der Ventiltrieb ist bezüglich Systemfehler zu überwachen. Hierzu wird die Position der Nockenwelle anhand des Phasengebers gemessen und ein Soll-Ist-Vergleich durchgeführt. Für den CARB-Markt ist die Erkennung eines verzögerten Einregelns des Stellglieds auf den Sollwert ("Slow Response") sowie die Überwachung auf eine bleiben Abweichung vom Sollwert ("Target Error") vorgeschrieben. Zusätzlich sind alle elektrischen Komponenten (z. B. der Phasengeber) gemäß den Anforderungen an Comprehensive Components zu diagnostizieren.

Comprehensive Components: Diagnose von Sensoren

Neben den zuvor aufgeführten spezifischen Diagnosen, die in der kalifornischen Gesetzgebung explizit gefordert und in eigenen Abschnitten separat beschrieben werden, müssen auch sämtliche Sensoren und Aktoren (wie z. B. die Drosselklappe oder die Hochdruckpumpe) überwacht werden, wenn ein Fehler dieser Bauteile entweder Einfluss auf die Emissionen hat oder aber andere Diagnosen negativ beeinflusst. Sensoren müssen überwacht werden auf:

- elektrische Fehler, d. h. Kurzschlüsse und Leitungsunterbrechungen (Signal Range Check),
- Bereichsfehler (Out of Range Check), d. h. Über- oder Unterschreitung der vom physikalischem Messbereich des Sensors festgelegten Spannungsgrenzen,
- Plausibilitätsfehler (Rationality Check); dies sind Fehler, die in der Komponente selbst liegen (z. B. Drift) oder z. B. durch Nebenschlüsse hervorgerufen werden können. Zur Überwachung werden die Sensorsignale entweder mit einem Modell oder direkt mit anderen Sensoren plausibilisiert.

Elektrische Fehler

Der Gesetzgeber versteht unter elektrischen Fehlern Kurzschluss nach Masse, Kurzschluss gegen Versorgungsspannung oder Leitungsunterbrechung.

Überprüfung auf Bereichsfehler

Üblicherweise haben Sensoren eine festgelegte Ausgangskennlinie, oft mit einer unteren und oberen Begrenzung; d. h. der physikalische Messbereich des Sensors wird auf eine Ausgangsspannung, z. B. im Bereich von 0,5...4,5 V, abgebildet. Ist die vom Sensor abgegebene Ausgangsspannung außerhalb dieses Bereichs, so liegt ein Bereichsfehler vor.

Das heißt, die Grenzen für diese Prüfung („Range Check") sind für jeden Sensor spezifische, feste Grenzen, die nicht vom aktuellen Betriebszustand des Motors abhängen. Sind bei einem Sensor elektrische Fehler von Bereichsfehlern nicht unterscheidbar, so wird dies vom Gesetzgeber akzeptiert.

Plausibilitätsfehler
Als Erweiterung im Sinne einer erhöhten Sensibilität der Sensor-Diagnose fordert der Gesetzgeber über den Bereichsfehler hinaus die Durchführung von Plausibilitätsprüfungen (sogenannte „Rationality Checks"). Kennzeichen einer solchen Plausibilitätsprüfung ist, dass die momentane Ausgangsspannung des Sensors nicht – wie bei der Bereichsprüfung – mit festen Grenzen verglichen wird, sondern mit Grenzen, die aufgrund des momentanen Betriebszustands des Motors eingeengt sind. Dies bedeutet, dass für diese Prüfung aktuelle Informationen aus der Motorsteuerung herangezogen werden müssen. Solche Prüfungen können z. B. durch Vergleich der Sensorausgangsspannung mit einem Modell oder aber durch Quervergleich mit einem anderen Sensor realisiert sein. Das Modell gibt dabei für jeden Betriebszustand des Motors einen bestimmten Erwartungsbereich für die modellierte Größe an.

Um bei Vorliegen eines Fehlers die Reparatur so zielführend und einfach wie möglich zu gestalten, soll zunächst die schadhafte Komponente so eindeutig wie möglich identifiziert werden. Darüber hinaus sollen die genannten Fehlerarten untereinander und – bei Bereichs- und Plausibilitätsprüfung – auch nach Überschreitungen der unteren bzw. oberen Grenze getrennt unterschieden werden. Bei elektrischen Fehlern oder Bereichsfehlern kann meist auf ein Verkabelungsproblem geschlossen werden, während das Vorliegen eines Plausibilitätsfehlers eher auf einen Fehler der Komponente selbst deutet.

Während die Prüfung auf elektrische Fehler und Bereichsfehler kontinuierlich erfolgen muss, müssen die Plausibilitätsfehler mit einer bestimmten Mindesthäufigkeit im Alltag ablaufen. Zu den solchermaßen zu überwachenden Sensoren gehören:
● der Luftmassenmesser,
● diverse Drucksensoren (Saugrohrdruck, Umgebungsdruck, Tankdruck),
● der Drehzahlsensor für die Kurbelwelle,
● der Phasensensor,
● der Ansauglufttemperatursensor,
● der Abgastemperatursensor.

Diagnose des Heißfilm-Luftmassenmessers
Nachfolgend wird am Beispiel des Heißfilm-Luftmassenmessers (HFM) die Diagnose beschrieben. Der Heißfilm-Luftmassenmesser, der zur Erfassung der vom Motor angesaugten Luft und damit zur Berechnung der einzuspritzenden Kraftstoffmenge dient, misst die angesaugte Luftmasse und gibt diese als Ausgangsspannung an die Motorsteuerung weiter. Die Luftmassen verändern sich durch unterschiedliche Drosseleinstellung oder Motordrehzahl. Die Diagnose überwacht nun, ob die Ausgangsspannung des Sensors bestimmte (applizierbare, feste) untere oder obere Grenzen überschreitet und gibt in diesem Fall einen Bereichsfehler aus. Durch Vergleich des aktuellen Werts der vom Heißfilm-Luftmassenmesser angegebenen Luftmasse mit der Stellung der Drosselklappe kann – abhängig vom aktuellen Betriebszustand des Motors – auf einen Plausibilitätsfehler geschlossen werden, wenn der Unterschied der beiden Signale größer als eine bestimmte Toleranz ist. Ist beispielsweise die Drosselklappe ganz geöffnet, aber der Heißfilm-Luftmassenmesser zeigt die bei Leerlauf angesaugte Luftmasse an, so ist dies ein Plausibilitätsfehler.

Comprehensive Components: Diagnose von Aktoren

Aktoren müssen auf elektrische Fehler und – falls technisch machbar – funktional überwacht werden. Funktionale Überwachung bedeutet hier, dass die Umsetzung eines gegebenen Stellbefehls (Sollwert) überwacht wird, indem die Systemreaktion (der Istwert) in geeigneter Weise durch Informationen aus dem System überprüft wird, z. B. durch einen Lagesensor. Das heißt, es werden – vergleichbar mit der Plausibilitätsdiagnose bei Sensoren – weitere Informationen aus dem System zur Beurteilung herangezogen.
Zu den Aktoren gehören u. a.:
● sämtliche Endstufen,
● die elektrisch angesteuerte Drosselklappe,
● das Tankentlüftungsventil,
● das Aktivkohleabsperrventil.

Diagnose der elektrisch angesteuerten Drosselklappe
Für die Diagnose der Drosselklappe wird geprüft, ob eine Abweichung zwischen dem zu setzenden und dem tatsächlichen Winkel besteht. Ist diese Abweichung zu groß, wird ein Drosselklappenantriebsfehler festgestellt.

Diagnose in der Werkstatt

Aufgabe der Diagnose in der Werkstatt ist die schnelle und sichere Lokalisierung der kleinsten austauschbaren Einheit. Bei den heutigen modernen Motoren ist dabei der Einsatz eines im allgemeinen PC-basierten Diagnosetesters in der Werkstatt unumgänglich. Generell nutzt die Werkstatt-Diagnose hierbei die Ergebnisse der Diagnose im Fahrbetrieb (Fehlerspeichereinträge der On-Board-Diagnose). Da jedoch nicht jedes spürbare Symptom am Fahrzeug zu einem Fehlerspeichereintrag führt und nicht alle Fehlerspeichereintrage eindeutig auf eine ursächliche Komponente zeigen, werden weitere spezielle Werkstattdiagnosemodule und zusätzliche Prüf- und Messgeräte in der Werkstatt eingesetzt. Werkstattdiagnosefunktionen werden durch den Werkstatttester gestartet und unterscheiden sich hinsichtlich ihrer Komplexität, Diagnosetiefe und Eindeutigkeit. In aufsteigender Reihenfolge sind dies:
● Ist-Werte-Auslesen und Interpretation durch den Werkstattmitarbeiter,
● Aktoren-Stellen und subjektive Bewertung der jeweiligen Auswirkung durch den Werkstattmitarbeiter,
● automatisierte Komponententests mit Auswertung durch das Steuergerät oder den Diagnosetester,
● komplexe Subsystemtests mit Auswertung durch das Steuergerät oder den Diagnosetester.

Beispiele für diese Komponenten- und Subsystemtests werden im Folgenden beschrieben. Alle für ein Fahrzeugprojekt vorhandenen Diagnosemodule werden im Diagnosetester in eine geführte Fehlersuche integriert.

Geführte Fehlersuche

Wesentliches Element der Werkstattdiagnose ist die geführte Fehlersuche. Der Werkstattmitarbeiter wird ausgehend vom Symptom (fehlerhaftes Fahrzeugverhalten, welches vom Fahrer wahrgenommen wird) oder vom Fehlerspeichereintrag mit Hilfe eines ergebnisgesteuerten Ablaufs durch die Fehlerdiagnose geführt. Die geführte Fehlersuche verknüpft hierbei alle vorhandenen Diagnosemöglichkeiten zu einem zielgerichteten Fehlersuchablauf. Hierzu gehören Symptombeschreibungen des Fahrzeughalters, Fehlerspeichereinträge der On-Board-Diagnose, Werkstattdiagnosemodule im Steuergerät und im Diagnosetester sowie externe Prüfgeräte und Zusatzsensorik. Alle Werkstattdiagnosemodule können nur bei verbundenem Diagnosetester und im Allgemeinen nur bei stehendem Fahrzeug genutzt werden. Die Überwachung der Betriebsbedingungen erfolgt im Steuergerät.

Auslesen und Löschen der Fehlerspeichereinträge

Alle während des Fahrbetriebs auftretenden Fehler werden gemeinsam mit vorab definierten und zum Zeitpunkt des Auftretens herrschenden Umgebungsbedingungen im Steuergerät gespeichert. Diese Fehlerspeicherinformationen können über eine Diagnosesteckdose (gut zugänglich vom Fahrersitz aus erreichbar) von frei verkäuflichen Scan-Tools oder Diagnosetestern ausgelesen und gelöscht werden. Die Diagnosesteckdose und die auslesbaren Parameter sind standardisiert. Es existieren aber unterschiedliche Übertragungsprotokolle (SAE J1850 VPM und PWM, ISO 1941-2, ISO 14230-4) die jedoch durch unterschiedliche Pinbelegung im Diagnosestecker (siehe **Bild 12**) codiert sind. Seit 2008 ist nach der CARB-Gesetzgebung und ab 2014 nach der EU-Gesetzgebung nur noch die Diagnose über CAN (ISO-15765) erlaubt.

Neben dem Auslesen und Löschen des Fehlerspeichers existieren weitere Betriebsarten in der Kommunikation zwischen Diagnosetester und Steuergerät, die in Tabelle 2 aufgezählt werden.

Werkstattdiagnosemodule

Im Steuergerät integrierte Diagnosemodule laufen nach dem Start durch den Diagnosetester autark im Steuergerät ab und melden nach Beendigung das Ergebnis an den Diagnosetester zurück. Gemeinsam für alle Module ist, dass sie das zu diagnostizierende Fahrzeug in der Werkstatt in vorbestimmte lastlose Betriebspunkte versetzen, verschiedenen Aktorenanregungen aufprägen und Ergebnisse von Sensoren eigenständig mit einer vorgegebenen Auswertelogik auswerten können. Ein Beispiel für einen Subsystemtest ist der BDE-Systemtest (Benzin-Direkt-Einspritzung). Als Komponententests werden im Folgenden der Kompressionstest, die Separierung zwischen Gemisch und λ-Sonden-Fehlern sowie von Zündungs- und Mengenfehlern vorgestellt.

BDE-Systemtest

Der BDE-Systemtest dient der Überprüfung des gesamten Kraftstoffsystems bei Motoren mit Benzin-Direkt-Einspritzung und wird bei den Symptomen „Motorkontrollleuchte an", „verminderte Leistung" und „unrunder Motorlauf" angewendet. Erkennbare Fehler

Bild 12
2, 10 Datenübertragung
    nach SAE J 1850,
7, 15 Datenübertragung
    nach DIN ISO 9141-2
    oder 14 230-4,
4 Fahrzeugmasse,
5 Signalmasse,
6 CAN-High-Leitung,
14 CAN-Low-Leitung,
14 Batterie-Plus,
1, 3, 8, 9, 11, 12, 13 nicht
    von OBD belegt

12   Pinbelegung eines vorgeschriebenen 16-poligen Diagnosesteckers

Service-Nummer	Funktion
$01	Auslesen der aktuellen Istwerte des Systems (z. B. Messwerte der Drehzahl und der Temperatur)
$02	Auslesen der Umweltbedingungen (Freeze Frame), die während des Auftretens des Fehlers vorgeherrscht haben
$03	Fehlerspeicher auslesen. Es werden die abgasrelevanten und bestätigten Fehlercodes ausgelesen
$04	Löschen des Fehlercodes im Fehlerspeicher und Zurücksetzen der begleitenden Information
$05	Anzeigen von Messwerten und Schwellen der λ-Sonden
$06	Anzeigen von Messwerten von nicht kontinuierlich überwachten Systemen (z. B. Katalysator)
$07	Fehlerspeicher auslesen. Hier werden die noch nicht bestätigten Fehlercodes ausgelesen
$08	Testfunktionen anstoßen (fahrzeughersteller-spezifisch)
$09	Auslesen von Fahrzeuginformationen
$0A	Auslesen von permanent gespeicherten Fehlerspeichereinträgen

Tabelle 2
Betriebsarten des Diagnosetesters (CARB-Umfang).
Service $05 gemäß SAE J1979 ist bei Fahrzeugen mit CAN-Protokoll nicht verfügbar: der Ausgabeumfang von Service $05 ist bei Fahrzeugen mit CAN-Protokoll z. T. im Service $06 enthalten.

im Niederdrucksystem sind Leckagen und defekte Kraftstoffpumpen. Im Hochdrucksystem werden Defekte an der Hochdruckpumpe, am Injektor und am Hochdrucksensor erkannt. Zur Bestimmung der defekten Komponente werden während des Tests bestimmte Merkmale extrahiert und die Über- oder Unterschreitung von Sollwerten in eine Matrix eingetragen. Der Mustervergleich mit bekannten Fehlern führt dann zur eindeutigen Identifizierung. Verschiedene auszuwertende Merkmale sind in Bild 13 gezeigt. Der Test bietet die Vorteile, dass ohne Öffnen des Kraftstoffsystems und ohne zusätzliche Messtechnik in sehr kurzer Zeit Ergebnisse vorliegen. Da der Vergleich der Merkmale in der Matrix im Tester durchgeführt wird, können Anpassungen im Fahrzeug-Projekt auch nach Serieneinführungen erfolgen.

Kompressionstest

Der Kompressionstest wird zur Beurteilung der Kompression einzelner Zylinder bei den Symptomen „Leistungsmangel" und „unrun-

der Motorlauf im Leerlauf" angewendet. Der Test erkennt eine reduzierte Kompression durch mechanische Defekte am Zylinder, wie z. B. undichte Kompressionsringe. Das physikalische Wirkprinzip ist ein relativer Vergleich der Zahnzeiten (Intervall von 6° des Kurbelwellengeberrades) der einzelnen Zylinder vor und nach dem oberen Totpunkt (OT). Während des Tests wird der Motor ausschließlich durch den elektrischen Starter gedreht, um Auswirkungen durch einen eventuell unterschiedlichen Momentenbeitrag der einzelnen Zylinder durch die Verbrennung auszuschließen.

Die Vorteile dieses Tests liegen in einer sehr kurzen Messzeit ohne Adaption von externen Messmitteln. Er funktioniert jedoch nur bei Motoren mit mehr als zwei Zylindern, da sonst die Möglichkeit eines relativen Vergleichs der Zylinderdrehzahlen nicht mehr gegeben ist. Bei dem Symptom „unrunder Motorlauf, Motor schüttelt" wird der Kompressionstest oft vor spezifischen Tests des Einspritzsystems durchgeführt, um ne-

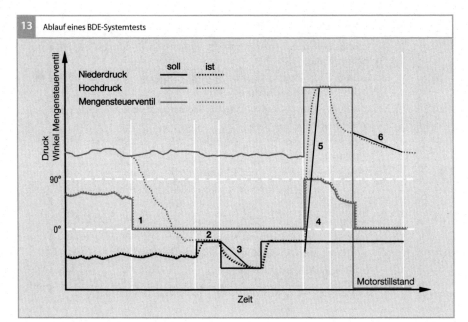

13 Ablauf eines BDE-Systemtests

gative Auswirkungen durch die Motormechanik ausschließen zu können.

Separierung von Zündungs- und Mengenfehlern

Der Test „Separierung von Zündungs- und Mengenfehlern" wird zur Unterscheidung von Fehlern im Zündsystem oder bei den Einspritzventilen (Ventil klemmt, Mehr- oder Mindermenge) bei dem Symptom „Motoraussetzer" und „unrunder Motorlauf" angewendet. In einem ersten Testschritt wird bewusst die Einspritzung auf einem Zylinder unterdrückt und die Auswirkung auf das λ-Sonden-Signal bewertet. In einem zweiten Schritt wird die Einspritzmenge auf einem Zylinder in Abhängigkeit vom λ-Wert rampenförmig erhöht oder vermindert. Während des zweiten Schritts werden die Laufunruhewerte beurteilt. Durch die Kombination der Ergebnisse des λ-Sonden-Signals und der Laufunruhe kann eine eindeutige Unterscheidung zwischen Fehlern im Zündsystem und Fehlern bei den Einspritzventilen getä

tigt werden. In Bild 14 ist beispielhaft der zeitliche Verlauf bei einem Mehrmengenfehler an einem Einspritzventil dargestellt. Die Vorteile dieses Tests liegen in einer sehr kurzen Messzeit ohne aufwendigen Teiletausch bei Aussetzerfehlern auf einzelnen Zylindern.

Separierung von Gemisch- und λ-Sonden-Fehlern

Der Test „Separierung von Gemisch- und λ-Sonden-Fehlern" wird zur Unterscheidung von Gemischfehlern und Offset-Fehlern der λ-Sonde bei den Symptomen „Motorkontrollleuchte an" genutzt. Während des Tests wird das Luft-Kraftstoff-Gemisch zuerst in der Nähe des Luftverhältnisses $\lambda = 1$ eingestellt, danach wird das Gemisch abhängig vom Kraftstoffkorrekturfaktor leicht angefettet oder abgemagert. Durch parallele Messung der beiden λ-Sonden-Signale und gegenseitige Plausibilisierung kann zwischen Gemischfehlern und Fehlern der λ-Sonden vor dem Katalysator unterschieden werden. Die Vorteile dieses Tests liegen in einer sehr kurzen Messzeit ohne die Notwendigkeit zum Sondenausbau.

Stellglied-Diagnose

Um in den Kundendienstwerkstätten einzelne Stellglieder (Aktoren) aktivieren und deren Funktionalität prüfen zu können, ist im Steuergerät eine Stellglied-Diagnose enthalten. Über den Diagnosetester kann hiermit die Position von vordefinierten Aktoren verändert werden. Der Werkstattmitarbeiter kann dann die entsprechenden Auswirkungen akustisch (z. B. Klicken des Ventils), optisch (z. B. Bewegung einer Klappe) oder durch andere Methoden, wie die Messung von elektrischen Signalen, überprüfen.

Externe Prüfgeräte und Sensorik

Die Diagnosemöglichkeiten in der Werkstatt werden durch Nutzung von Zusatzsensorik (z. B. Strommesszange, Klemmdruckgeber) oder Prüfgeräte (z. B. Bosch-Fahrzeugsystemanalyse) erweitert. Die Geräte werden im Fehlerfall in der Werkstatt an das Fahrzeug adaptiert. Die Bewertung der Messergebnisse erfolgt im Allgemeinen über den Diagno-

setester. Mit evtl. vorhandenen Multimeterfunktionen des Diagnosetesters können elektrische Ströme, Spannungen und Widerstände gemessen werden. Ein integriertes Oszilloskop erlaubt darüber hinaus, die Signalverläufe der Ansteuersignale für die Aktoren zu überprüfen. Dies ist insbesondere für Aktoren relevant, die in der Stellglied-Diagnose nicht überprüft werden.

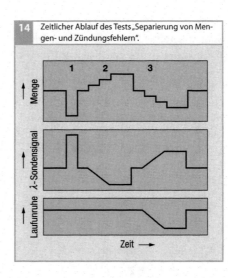

14   Zeitlicher Ablauf des Tests „Separierung von Mengen- und Zündungsfehlern".

Bild 14
1 Einspritzung deaktiviert
2 positive Mengenrampe
3 negative Mengenrampe

Die Laufunruhe betrifft den systematischen Verlauf bei einer Mehrmenge.

Verständnisfragen

Die Verständnisfragen dienen dazu, den Wissensstand zu überprüfen. Die Antworten zu den Fragen finden sich in den Abschnitten, auf die sich die jeweilige Frage bezieht. Daher wird hier auf eine explizite „Musterlösung" verzichtet. Nach dem Durcharbeiten des vorliegenden Teils des Fachlehrgangs sollte man dazu in der Lage sein, alle Fragen zu beantworten. Sollte die Beantwortung der Fragen schwer fallen, so wird die Wiederholung der entsprechenden Abschnitte empfohlen.

1. Wie arbeitet ein Ottomotor?

2. Wie ist das Luftverhältnis definiert?

3. Wie erfolgt die Zylinderfüllung?

4. Wie wird die Luftfüllung gesteuert?

5. Wie wird die Füllung erfasst?

6. Welche Arten der Verbrennung gibt es? Wie sind sie charakterisiert?

7. Wie wird das Drehmoment und die Leistung berechnet?

8. Welche Bedeutung hat der spezifische Kraftstoffverbrauch?

9. Welche Arten der Zündung im Ottomotor gibt es? Wodurch sind diese charakterisiert?

10. Wie ist eine induktive Zündanlage aufgebaut und wie funktioniert sie?

11. Welche Aufgabe hat eine Zündspule? Welche Anforderungen muss sie erfüllen?

12. Wie ist eine Zündspule aufgebaut und wie arbeitet sie?

13. Welche Ausführungen von Zündspulen gibt es? Wie ist die zugehörige Elektronik aufgebaut und wie funktioniert sie?

14. Was ist die Aufgabe einer Zündkerze, wie ist sie aufgebaut und wie funktioniert sie?

15. Welche Zündkerzen-Konzepte unterscheidet man? Was bedeutet das für die Elektroden und für die Funkenlage?

16. Was ist der Wärmewert einer Zündkerze? Welche Bedeutung hat er?

17. Wie ist das Betriebsverhalten der Zündkerze charakterisiert?

18. Welche Betriebsdaten werden erfasst und wie werden sie verarbeitet?

19. Was ist eine Drehmomentstruktur und wie funktioniert sie?

20. Wie wird die Motorsteuerung überwacht und diagnostiziert?

21. Wie funktioniert eine Motorsteuerung mit elektrischer angesteuerter Drosselklappe?

22. Wie funktioniert eine Motorsteuerung für Benzin-Direkteinspritzung?

23. Wie funktioniert eine Motorsteuerung für Erdgas-Systeme?

24. Wie ist das Strukturbild einer Motorsteuerung aufgebaut? Welche Subsysteme gibt es und wie funktionieren sie?

25. Was ist eine On-Board-Diagnose und wie funktioniert sie?

26. Wie funktioniert die Diagnose in der Werkstatt?

Abkürzungsverzeichnis

A

ABB	Air System Brake Booster, Bremskraftverstärkersteuerung
ABC	Air System Boost Control, Ladedrucksteuerung
ABS	Antiblockiersystem
AC	Accessory Control, Nebenaggregatesteuerung
ACA	Accessory Control Air Condition, Klimasteuerung
ACC	Adaptive Cruise Control, Adaptive Fahrgeschwindigkeitsregelung
ACE	Accessory Control Electrical Machines, Steuerung elektrische Aggregate
ACF	Accessory Control Fan Control, Lüftersteuerung
ACS	Accessory Control Steering, Ansteuerung Lenkhilfepumpe
ACT	Accessory Control Thermal Management, Thermomanagement
ADC	Air System Determination of Charge, Luftfüllungsberechnung
ADC	Analog Digital Converter, Analog-Digital-Wandler
AEC	Air System Exhaust Gas Recirculation, Abgasrückführungssteuerung
AGR	Abgasrückführung
AIC	Air System Intake Manifold Control, Saugrohrsteuerung
AKB	Aktivkohlebehälter
AKF	Aktivkohlefalle (activated carbon canister)
AKF	Aktivkohlefilter
A_K	Lichte Kolbenfläche
α	Drosselklappenwinkel
Al_2O_3	Aluminiumoxid
AMR	Anisotrop Magneto Resistive
AÖ	Auslassventil Öffnen
APE	Äußere-Pumpen-Elektrode

AS	Air System, Luftsystem
AS	Auslassventil Schließen
ASAM	Association of Standardization of Automation and Measuring, Verein zur Förderung der internationalen Standardisierung von Automatisierungs- und Messsystemen
ASIC	Application Specific Integrated Circuit, anwendungsspezifische integrierte Schaltung
ASR	Antriebsschlupfregelung
ASV	Application Supervisor, Anwendungssupervisor
ASW	Application Software, Anwendungssoftware
ATC	Air System Throttle Control, Drosselklappensteuerung
ATL	Abgasturbolader
AUTOSAR	Automotive Open System Architecture, Entwicklungspartnerschaft zur Standardisierung der Software Architektur im Fahrzeug
AVC	Air System Valve Control, Ventilsteuerung

B

BDE	Benzin Direkteinspritzung
b_e	spezifischer Kraftstoffverbrauch
BMD	Bag Mini Diluter
BSW	Basic Software, Basissoftware

C

C/H	Verhältnis Kohlenstoff zu Wasserstoff im Molekül
C_2	Sekundärkapazität
C_6H_{14}	Hexan
CAFE	Corporate Average Fuel Economy
CAN	Controller Area Network
CARB	California Air Resources Board
CCP	CAN Calibration Protocol, CAN-Kalibrierprotokoll

CDrv	Complex Driver, Treibersoftware mit exklusivem Hardware Zugriff
CE	Coordination Engine, Koordination Motorbetriebszustände und -arten
CEM	Coordination Engine Operation, Koordination Motorbetriebsarten
CES	Coordination Engine States, Koordination Motorbetriebszustände
CFD	Computational Fluid Dynamics
CFV	Critical Flow Venturi
CH_4	Methan
CIFI	Zylinderindividuelle Einspritzung, Cylinder Individual Fuel Injection
CLD	Chemilumineszenz-Detektor
CNG	Compressed Natural Gas, Erdgas
CO	Communication, Kommunikation
CO	Kohlenmonoxid
CO_2	Kohlendioxid
COP	Coil On Plug
COS	Communication Security Access, Kommunikation Wegfahrsperre
COU	Communication User Interface, Kommunikationsschnittstelle
COV	Communication Vehicle Interface, Datenbuskommunikation
cov	Variationskoeffizient
CPC	Condensation Particulate Counter
CPU	Central Processing Unit, Zentraleinheit
CTL	Coal to Liquid
CVS	Constant Volume Sampling
CVT	Continuously Variable Transmission

D

DB	Diffusionsbarriere
DC	direct current, Gleichstrom
DE	Device Encapsulation, Treibersoftware für Sensoren und Aktoren
DFV	Dampf-Flüssigkeits-Verhältnis
DI	Direct Injection, Direkteinspritzung
DMS	Differential Mobility Spectrometer
DoE	Design of Experiments, statistische Versuchsplanung
DR	Druckregler
3D	dreidimensional
DS	Diagnostic System, Diagnosesystem
DSM	Diagnostic System Manager, Diagnosesystemmanager
DV, E	Drosselvorrichtung, elektrisch

E

E0	Benzin ohne Ethanol-Beimischung
E10	Benzin mit bis zu 10 % Ethanol-Beimischung
E100	reines Ethanol mit ca. 93 % Ethanol und 7 % Wasser
E24	Benzin mit ca. 24 % Ethanol-Beimischung
E5	Benzin mit bis zu 5 % Ethanol-Beimischung
E85	Benzin mit bis zu 85 % Ethanol-Beimischung
EA	Elektrodenabstand
EAF	Exhaust System Air Fuel Control, λ-Regelung
ECE	Economic Commission for Europe
ECT	Exhaust System Control of Temperature, Abgastemperaturregelung
ECU	Electronic Control Unit, elektronisches Steuergerät

ECU	Electronic Control Unit, Motor-steuergerät	ETF	Exhaust System Three Way Front Catalyst, Regelung Drei-Wege-Vorkatalysator
eCVT	electrical Continuously Variable Transmission	ETK	Emulator Tastkopf
EDM	Exhaust System Description and Modeling, Beschreibung und Modellierung Abgassystem	ETM	Exhaust System Main Catalyst, Regelung Drei-Wege-Haupt-katalysator
EEPROM	Electrically Erasable Programmable Read Only Memory, löschbarer programmierbarer Nur-Lese-Speicher	EU	Europäische Union
		(E)UDC	(extra) Urban Driving Cycle
		EV	Einspritzventil
E_F	Funkenenergie	Exy	Ethanolhaltiger Ottokraftstoff mit xy % Ethanol
EFU	Einschaltfunkenunterdrückung	EZ	Elektronische Zündung
EGAS	Elektronisches Gaspedal	EZ	Energie im Funkendurchbruch
1D	eindimensional		
EKP	Elektrische Kraftstoffpumpe	**F**	
ELPI	Electrical Low Pressure Impactor	FEL	Fuel System Evaporative Leak Detection, Tankleckerkennung
EMV	Elektromagnetische Verträg-lichkeit	FEM	Finite Elemente Methode
		FF	Flexfuel
ENM	Exhaust System NO$_x$ Main Catalyst, Regelung NO$_x$-Spei-cherkatalysator	FFC	Fuel System Feed Forward Con-trol, Kraftstoff-Vorsteuerung
		FFV	Flexible Fuel Vehicles
EÖ	Einlassventil Öffnen	FGR	Fahrgeschwindigkeitsregelung
EOBD	European On Board Diagnosis – Europäische On-Board-Diagnose	FID	Flammenionisations-Detektor
		FIT	Fuel System Injection Timing, Einspritzausgabe
EOL	End of Line, Bandende	FLO	Fast-Light-Off
EPA	US Environmental Protection Agency	FMA	Fuel System Mixture Adapta-tion, Gemischadaption
EPC	Electronic Pump Controller, Pumpensteuergerät	FPC	Fuel Purge Control, Tank-entlüftung
EPROM	Erasable Programmable Read Only Memory, löschbarer und programmierbarer Festwert-speicher	FS	Fuel System, Kraftstoffsystem
		FSS	Fuel Supply System, Kraftstoff-versorgungssystem
ε	Verdichtungsverhältnis	FT	Resultierende Kraft
ES	Exhaust System, Abgassystem	FTIR	Fourier-Transform-Infrarot
ES	Einlass Schließen	FTP	Federal Test Procedure
ESP	Elektronisches Stabilitäts-Pro-gramm	FTP	US Federal Test Procedure
		F_z	Kolbenkraft des Zylinders
η_{th}	Thermischer Wirkungsgrad	**G**	
ETBE	Ethyltertiärbutylether	GC	Gaschromatographie
		g/kWh	Gramm pro Kilowattstunde
		°KW	Grad Kurbelwelle

H

H_2O	Wasser, Wasserdampf
HC	Hydrocabons, Kohlenwasser-stoffe
HCCI	Homogeneous Charge Compression Ignition
HD	Hochdruck
HDEV	Hochdruck Einspritzventil
HDP	Hochdruckpumpe
HEV	Hybrid Electric Vehicle
HFM	Heißfilm-Luftmassenmesser
HIL	Hardware in the Loop, Hardware-Simulator
HLM	Hitzdraht-Luftmassenmesser
H_o	spezifischer Brennwert
H_u	spezifischer Heizwert
HV	high voltage
HVO	Hydro-treated-vegetable oil
HWE	Hardware Encapsulation, Hardware Kapselung

I

i_1	Primärstrom
IC	Integrated Circuit, integrierter Schaltkreis
i_F	Funken(anfangs)strom
IGC	Ignition Control, Zündungssteuerung
IKC	Ignition Knock Control, Klopfregelung
i_N	Nennstrom
IPE	Innere Pumpen Elektrode
IR	Infrarot
IS	Ignition System, Zündsystem
ISO	International Organisation for Standardization, Internationale Organisation für Normung
IUMPR	In Use Monitor Performance Ratio, Diagnosequote im Fahrzeugbetrieb
IUPR	In Use Performance Ratio
IZP	Innenzahnradpumpe

J

JC08	Japan Cycle 2008

K

κ	Polytropenexponent
Kfz	Kraftfahrzeug
kW	Kilowatt

L

λ	Luftzahl oder Luftverhältnis
L_1	Primärinduktivität
L_2	Sekundärinduktivität
LDT	Light Duty Truck, leichtes Nfz
LDV	Light Duty Vehicle, Pkw
LEV	Low Emission Vehicle
LIN	Local Interconnect Network
l_l	Schubstangenverhältnis (Verhältnis von Kurbelradius r zu Pleuellänge l)
LPG	Liquified Petroleum Gas, Flüssiggas
LPV	Low Price Vehicle
LSF	λ-Sonde flach
LSH	λ-Sonde mit Heizung
LSU	Breitband-λ-Sonde
LV	Low Voltage

M

(M)NEFZ	(modifizierter) Neuer Europäischer Fahrzyklus
M100	Reines Methanol
M15	Benzin mit Methanolgehalt von max. 15 %
MCAL	Microcontroller Abstraction Layer
M_d	Das effektive Drehmoment an der Kurbelwelle
ME	Motronic mit integriertem EGAS
Mi	Innerer Drehmoment
Mk	Kupplungsmoment
m_K	Kraftstoffmasse
m_L	Luftmasse

MMT	Methylcyclopentadienyl-Mangan-Tricarbonyl	NSC	NO_x Storage Catalyst
MO	Monitoring, Überwachung	NTC	Temperatursensor mit negativem Temperaturkoeffizient
MOC	Microcontroller Monitoring, Rechnerüberwachung	NYCC	New York City Cycle
MOF	Function Monitoring, Funktionsüberwachung	NZ	Nernstzelle
MOM	Monitoring Module, Überwachungsmodul	**O**	
MOSFET	Metal Oxide Semiconductor Field Effect Transistor, Metall-Oxid-Halbleiter, Feldeffekttransistor	OBD	On-Board-Diagnose
		OBV	Operating Data Battery Voltage, Batteriespannungserfassung
		OD	Operating Data, Betriebsdaten
MOX	Extended Monitoring, Erweiterte Funktionsüberwachung	OEP	Operating Data Engine Position Management, Erfassung Drehzahl und Winkel
MOZ	Motor-Oktanzahl	OMI	Misfire Detection, Aussetzererkennung
MPI	Multiple Point Injection		
MRAM	Magnetic Random Access Memory, magnetischer Schreib-Lese-Speicher mit wahlfreiem Zugriff	ORVR	On Board Refueling Vapor Recovery
		OS	Operating System, Betriebssystem
MSV	Mengensteuerventil	OSC	Oxygen Storage Capacity
MTBE	Methyltertiärbutylether	OT	oberer Totpunkt des Kolbens
N		OTM	Operating Data Temperature Measurement, Temperaturerfassung
n	Motordrehzahl		
N_2	Stickstoff	OVS	Operating Data Vehicle Speed Control, Fahrgeschwindigkeitserfassung
N_2O	Lachgas		
ND	Niederdruck		
NDIR	Nicht-dispersives Infrarot	**P**	
NE	Nernst-Elektrode	p	Die effektiv vom Motor abgegebene Leistung
NEFZ	Neuer europäischer Fahrzyklus		
Nfz	Nutzfahrzeug	p-V-Diagram	Druck-Volumen-Diagramm, auch Arbeitsdiagramm
NGI	Natural Gas Injector		
NHTSA	US National Transport and Highway Safety Administration	PC	Passenger Car, Pkw
		PC	Personal Computer
NMHC	Kohlenwasserstoffe außer Methan	PCM	Phase Change Memory, Phasenwechselspeicher
NMOG	Organische Gase außer Methan	PDP	Positive Displacement Pump
NO	Stickstoffmonoxid	PFI	Port Fuel Injection
NO_2	Stickstoffdioxid	Pkw	Personenkraftwagen
NOCE	NO_x-Gegenelektrode	PM	Partikelmasse
NOE	NO_x-Pumpelektrode	PMD	Paramagnetischer Detektor
NO_x	Sammelbegriff für Stickoxide	p_{me}	Effektiver Mitteldruck

p_{mi}	mittlerer indizierter Druck	SDL	System Documentation Libraries, Systemdokumentation Funktionsbibliotheken
PN	Partikelanzahl (Particle Number)		
PP	Peripheralpumpe	SEFI	Sequential Fuel Injection, Sequentielle Kraftstoffeinspritzung
ppm	parts per million, Teile pro Million		
PRV	Pressure Relief Valve	SENT	Single Edge Nibble Transmission, digitale Schnittstelle für die Kommunikation von Sensoren und Steuergeräten
PSI	Peripheral Sensor Interface, Schnittstelle zu peripheren Sensoren		
Pt	Platin	SFTP	US Supplemental Federal Test Procedures
PWM	Puls-Weiten-Modulation		
PZ	Pumpzelle	SHED	Sealed Housing for Evaporative Emissions Determination
P_Z	Leistung am Zylinder		
		SMD	Surface Mounted Device, oberflächenmontiertes Bauelement
R			
r	Hebelarm (Kurbelradius)	SMPS	Scanning Mobility Particle Sizer
R_1	Primärwiderstand	SO_2	Schwefeldioxid
R_2	Sekundärwiderstand	SO_3	Schwefeltrioxid
RAM	Random Access Memory, Schreib-Lese-Speicher mit wahlfreiem Zugriff	SRE	Saugrohreinspritzung
		SULEV	Super Ultra Low Emission Vehicle
RDE	Real Driving Emissions Test		
RE	Referenz Electrode	SWC	Software Component, Software Komponente
RLFS	Returnless Fuel System		
ROM	Read Only Memory, Nur-Lese-Speicher	SYC	System Control ECU, Systemsteuerung Motorsteuerung
ROZ	Research-Oktanzahl	SZ	Spulenzündung
RTE	Runtime Environment, Laufzeitumgebung		
		T	
RZP	Rollenzellenpumpe	TCD	Torque Coordination, Momentenkoordination
S		TCV	Torque Conversion, Momentenumsetzung
s	Hubfunktion		
σ	Standardabweichung	TD	Torque Demand, Momentenanforderung
SC	System Control, Systemsteuerung		
SCR	selektive katalytische Reduktion	TDA	Torque Demand Auxiliary Functions, Momentenanforderung Zusatzfunktionen
SCU	Sensor Control Unit		
SD	System Documentation, Systembeschreibung	TDC	Torque Demand Cruise Control, Fahrgeschwindigkeitsregler
SDE	System Documentation Engine Vehicle ECU, Systemdokumentation Motor, Fahrzeug, Motorsteuerung	TDD	Torque Demand Driver, Fahrerwunschmoment

TDI   Torque Demand Idle Speed
            Control, Leerlaufdrehzahl-
            regelung
TDS   Torque Demand Signal Condi-
            tioning, Momentenanforderung
            Signalaufbereitung
TE   Tankentlüftung
TEV   Tankentlüftungsventil
t_F Funkendauer
THG   Treibhausgase, u. a. CO_2, CH_4,
            N_2O
t_i Einspritzzeit
TIM   Twist Intensive Mounting
TMO   Torque Modeling, Motor-
            drehmoment-Modell
TPO   True Power On
TS   Torque Structure, Drehmo-
            mentstruktur
t_s Schließzeit
TSP   Thermal Shock Protection
TSZ   Transistorzündung
TSZ, h   Transistorzündung mit Hall-
            geber
TSZ, i   Transistorzündung mit
            Induktionsgeber
TSZ, k   kontaktgesteuerte Transistor-
            zündung

U

U/min   Umdrehungen pro Minute
U_F Brennspannung
ULEV   Ultra Low Emission Vehicle
UN ECE   Vereinte Nationen Economic
            Commission for Europe
U_P Pumpspannung
UT   Unterer Totpunkt
UV   Ultraviolett
U_Z Zündspannung

V

V_c Kompressionsvolumen
VFB   Virtual Function Bus, Virtuelles
            Funktionsbussystem
V_h Hubvolumen
VLI   Vapour Lock Index
VST   Variable Schieberturbine
VT   Ventiltrieb
VTG   Variable Turbinengeometrie
VZ   Vollelektronische Zündung

W

W_F Funkenenergie
WLTC   Worldwide Harmonized Light
            Vehicles Test Cycle
WLTP   Worldwide Harmonized Light
            Vehicles Test Procedure

X

XCP   Universal Measurement and
            Calibration Protocol – univer-
            selles Mess- und Kalibrier-
            protokoll

Z

ZEV   Zero Emission Vehicle
ZOT   Oberer Totpunkt, an dem die
            Zündung erfolgt
ZrO_2 Zirconiumoxid
ZZP   Zündzeitpunkt

Stichwortverzeichnis

Printed in the United States
By Bookmasters